Basics of Information Theory

# 情報理論の基礎

第2版

小沢一雅［著］

Ohmsha

本書の初版は，1980 年に国民科学社から発行され，2011 年にオーム社から再刊されています．

# ま え が き

情報理論は，シャノン（C. E. Shannon, 1916-2001）が 30 歳の頃に構想した通信（情報の伝達）の数理モデルを基軸とした理論体系である．当時は，コンピュータ出現前夜の時代であって，情報の役割や重要性が現代ほど深く認識されている時代ではなかった．そうした時代にいちはやく情報を定量的にとらえて壮大な理論体系をつくりあげたシャノンの業績はまことに偉大といわねばならない．いまや世界中の大学，とりわけ情報系諸学科において，教育カリキュラム上欠くことのできない必須の基盤科目としてシャノンの情報理論が講義されている．

本書は，およそ 40 年にわたり情報系学科における入門的な教科書として用いられてきた旧著『情報理論の基礎』[1] の改訂版である．改訂の力点は，情報理論における主要な術語の意味をできるかぎり平易に，わかりやすく解説することにおかれている．本書の特長は，情報量，エントロピー，通信容量，あるいは符号化など，シャノンの情報理論において根幹をなす基礎概念を，ごくふつうの日常生活の中で体験する事例を通してわかりやすく解説している点にあろう．すなわち，情報理論は，電子通信技術という技術の視点だけでせまくとらえるのではなく，情報社会における高次で多様な情報を考えるための普遍的な理論として位置づけるべきだからである．

本書では，無用の一般化を排し，数式の乱用を避けている．理論上の厳密さよりも，ことの本質や意義が「わかる」ことの方がもっと重要だと考えているからである．直感的な理解が得られるように工夫した例題や図による説明を豊富に盛り込んでいるのもおなじ理由からである．

情報理論を勉強しようとしている若い学生諸君，あるいは「情報とは何か」について考えたい一般の方々に対して，もし本書が一定の役割をはたすことができるとすれば，著者にとって望外のよろこびである．

末筆ながら，改訂原稿の点検をしていただいた学友藤田玄氏，およびオーム社書籍編集局のみなさまに感謝申し上げます．

2019年5月

著者しるす

# 目　　次

目　次

# 1 序　　説

現代の社会を動かしている要因はさまざま考えられるが，もっとも大きな影響力をもっているのはいまや“情報”であるといっても過言ではないだろう．政治や経済も，あるいは人々の思考や感性までもが情報によって大きく左右されるようになっている．もちろん，人間にとって，一定の情報が必要なことはいつの時代でも同じではあるけれども，現代は，情報の広がりや深さ，あるいは量と質において過去とは比較にならないほど劇的に変化している．ある街角で起こった事件は，江戸時代では“かわら版”で市中に知らされたが，かわら版ニュースに接することができたのはごく少数の人々であったろう．現代では，事件の発生から短時日の内にテレビで全国へ，あるいは世界へと報道される．さらにインターネットを介しても，事件の詳細や背景，あるいはそれらの関連情報が多数の人々の間に流通し，共有されていく．

テレビやインターネットをはじめとするメディア空間では，無数の発信源から多種多様な情報が絶え間なく発信されている．人々はいま，情報の大海の中であてもなく浮遊しているかのようなイメージが連想される．現代を生きる人々は，こうした情報環境がごく日常的であたりまえの状況として受けとめているかもしれないが，人類の歴史でみれば，むしろ前人未踏の世界を歩みはじめていると考えるべきであろう．

情報社会の未来はまさに予測不能である．しかし，見方を変えれば，未来を自由に描ける世界が眼前にあると考えることができる．情報社会の未来をしっかり描いていくためには，情報の本質をよく理解し，解決すべき問題の根源を的確に見きわめることが必要である．工学的には，情報の発生・伝達・収集・蓄積・処理という5つの側面で未来の情報技術を考えていくことになろう．一方，人文科学や社会科学など文系の視点からも情報社会の未来を描いていく必要があるが，情報技術がもたらす利便性のみならず，その危険性や弊害についても考察し，それに対する的確な対策を考えなければならないだろう．

本書のまえがきでも触れているシャノン（C. E. Shannon）の理論[2]は，主として情報の発生と伝達を取り扱っている．通常，情報理論とよばれているものの内容はほとんどこのシャノンの理論に準拠しているので，“シャノンの情報理論”とよばれている．

情報理論は，情報とは何かという根源的な問題から出発して，その発生と伝達についての体系的な見方を与えるものである．したがって，情報社会の未来に向かって行動しようとする人は，まず情報理論を学ぶことが必要である．

本書の2章では，情報とは何かについて述べ，情報量やエントロピーの概念を解説する．3章では，情報の発生と伝達に関する理論モデルについて述べる．4章では，情報と符号化について解説する．5章では，連続的信号（アナログ情報）に関する情報理論を紹介する．全章にわたって一貫しているのは，情報が“確率”という観点から取り扱われていることであろう．シャノンの情報理論において確率の考え方がたくみに導入され，1つの美しい体系的な理論が構築されていく流れを目のあたりにするのも，情報理論を学ぶことで得られる貴重な体験のひとつにちがいない．

# 2 情 報 量

われわれが日常何気なく使っている情報という言葉の実体は何か，それをさらに，電流や電圧のような1つの量である“情報量”としてどのように定量化すべきかなどについて考える．

## 2・1 事象と記号

「明日雨が降る」「イギリスの首相が日本に来る」などのニュースを耳にして，われわれは何か情報を得たと考える．これらのニュースはある特定の事柄や事件の発生をわれわれに教えてくれる．つまり，**事象の発生**についての知識を与えてくれるのである．

このように，われわれがある情報を得たと考える背後には，必ず対応する事象の発生が想定できる．「雨が降る」「太陽が昇る」あるいは「地震が起こる」などの森羅万象だけではなく，ごく身近な人間関係にまつわるささいな出来事もつまるところすべて事象である．事象が人間の注目をひきつけ，人間とのかかわりあいをもつときはじめて“情報”という言葉が意味をもつようになるのである．

人間社会では古来より，重大な関心をもつ事象について，人々は口伝えでそれについての共通の知識を得たり，何かに記録したりしてきた．「大王が死んだ」いう事象は，絵文字（ヒエログリフ，図2・1）で記録されたり，「敵が来た」という事象は“のろし”で伝達された．われわれが日常用いている漢字は，その起源を絵文字にさかのぼることができ，森羅万象を形どったとみられる明らかな痕跡を現在の漢字

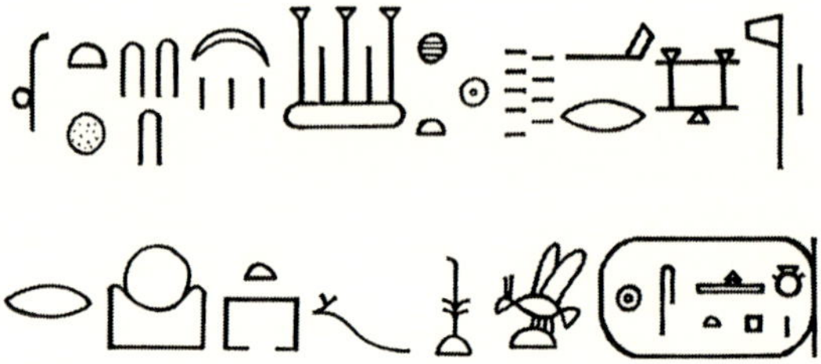

**図2・1** エジプトの古代文字ヒエログリフで書かれた文書
(エジプト中王国時代の事件について書かれた「シヌへの物語」の冒頭の一節を示すヒエログリフ．右から左へ読む．大意は「(王の治世)第30年，氾濫の季節，第3月9日，神は地平に入った（アメネムヘト1世が没した.）」と読めるそうである[3).)

の中に見い出すことは容易である．事象はこのように文字，話し言葉，“のろし”あるいは絵などのようなもので表現されてはじめて人間と深いかかわりあいをもつようになるのである．このような文字，話し言葉あるいは絵文字など，事象を表現するための道具をここで**記号**とよぶことにしよう．

図2·2は，同じ事象を絵，漢字および英語の3種の異なる“記号”で示した例である．形態はまったく違うけれど，これらの記号を受けとった人間はすべて同じ内容の情報を得られるのである．このように考えると，**情報とは事象を写しとった記号そのもの**と考えても差支えがない．逆に，記号で表され得ない事象は，人間にとって何の情報も

**図2・2** 事象を写しとる記号

もたらさないといえる．

図2·3は，「くもりまたは晴」という**1つの天気**を示す記号であるが，このように異なる2つの事象を象徴する2つの記号を複合的に用いて，別の1つの事象を表現することが行われる．

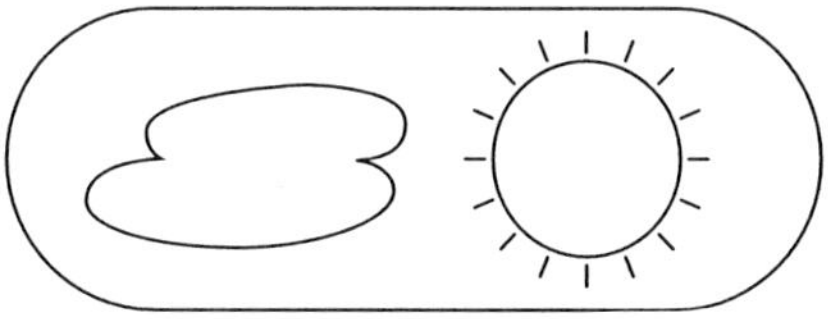

「くもり　または　晴」

**図2・3**　2つの事象の複合

これは，いくつかの事象が複合されて新たな1つの事象となる例を示している．逆に，ある事象を取り上げてみると，それが実はいくつかのさらに根元的な事象に分解できることも多い．このような事象の合成や分解は，記号を仲だちとして行われるのであるが，数学的にみるとこれらの操作は以下のようにある種の“演算”とみなすことができる．

任意の2つの事象を$E, F$で示すことにしよう．$E$と$F$に関して次のような**集合論的演算**を定義することができる．

(1)　「$E$と$F$の少なくとも一方が起こる」という事象を$E$と$F$の**和事象**といい，$E \cup F$で示す．

(2)　「$E$と$F$がともに起こる」という事象を$E$と$F$の**積事象**といい，$E \cap F$で示す．

(3)　$E$が起これば必ず$F$が起こるとき，$E \subset F$と書く．これは$E$が$F$を形づくる事象の1つとなっている場合である．

(4)　「$E$が起こらない」という事象を$\bar{E}$と示し，**余事象**とよぶことにする．これは，すべての事象の集合を全事象$U$としたとき，$U = E \cup \bar{E}$と書けることによる．

さらに，集合論における空集合の概念に対応するものとして，$E \cap \bar{E} = \phi$なる**空事象**を定義する．積事象$E \cap \bar{E}$は，決して起こり得ない事象であり，実体として存在しない観念的なものである．そこで，とくに$\phi$なる記号でこれを表現する．

ある事象を象徴する記号そのものが情報であるという考え方を述べ，さらに$E$や$F$という記号と記号の演算によって事象の成り立ちを考えていく数学的方法を紹介した．これらは，後に述べる**事象の確率**という考え方を理解するうえで大いに必要となるのである．

## 2・2　確率モデル

### 2·2·1　事象と確率

テレビなどのメディアを通してさまざまなタイプの情報が流されているが，“ニュース”というタイプの情報を例にとってみよう．とりわけ人々の注目を集めるニュースを“ニュースバリューがある”などという．ニュースの注目度のことである．ニュースはいろいろな事象を言語という記号で記述したものと考えられるが，ニュースバリューはどのようにして決まるのであろうか？　これははなはだ難しい問題である．一般には，1つの事象のニュースバリューはいろいろの要因が複雑にからまりあって決まるものだとしか言いようがないが，その中でもとくに主観的な要因を定量的につかむことは不可能に近い．同じニュースでも，ある人にはニュースバリューがあるが別の人にはないという例はいくらでも考えられるからである．情報理論では，このような人間個々の情緒的興味などに依存する主観的な要因を排除して，客観的な要因のみに着目する．それではニュースバリューの客観的な要因とは何かを考えてみよう．

「ヘビがカエルをのみ込んだ」という事象はニュースにならないが，「カエルがヘビをのんだ」という事象は立派なニュースの材料である．前者は極めてありふれた事象であるのに対し，後者は非常に珍しく，起こることがまれな事象である．そこで，簡単のため前者と後者の事象をそれぞれ $E$ と $F$ で表すことにして，**ありふれている，まれである**ということを，$E$，$F$ の適当な属性値 $p(E)$，$p(F)$ を用いて

$$p(E) > p(F)$$

のように表現できれば，ニュースを受け取る側の主観的な要因に左右されることなく，ニュースバリューの客観的な要因をとらえることができると考えられる．

このような要求を満足させるものとして，**事象の確率**の概念が登場する．つまり $p(E)$ を，$E$ の**確率**と考えるのである．これにより，ニュースバリューを決める諸要因の中から，1人ひとりの個人に依存する主観的なものを排除して，確率という共通の“ものさし”※に到達することになる．

この立場で，ニュースバリューというものをもう一度考えてみると，おおざっぱに

**ニュースバリューの要因 ＝ 確率的要因 ＋ 非確率的要因**

のように書くことができるであろう．

ある国で現職の老大統領が亡くなったという事態を仮定してみよう．これは，大きなニュースバリューをもつニュースになるだろう．上の考え方によれば，この場合のニュースバリューは，ほぼ非確率的要因だけで成り立っているとみなせるだろう．人間が死ぬことの確率は1でなにも珍しいことではないからである．この事例のように，ニュースバリューが確率で説明のつかない事例も多く，情報をいつも客観的に測れる“ものさし”にはならないことがわかる．

確率は事象の起こりやすさを示す値であるが，つぎの**コルモゴロフの公理**を満足するものでなければならない[4)5)]．

---

※　数学的には確率測度．

事象 $E$ の確率を $p(E)$ と書くことにすれば

（ i ）　$0 \leqq p(E) \leqq 1$, $p(\phi) = 0$, $p(U) = 1$

（ ii ）　$E \subset F$　ならば　$p(E) \leqq p(F)$

（ iii ）　$E \cap F = \phi$※　ならば　$p(E \cup F) = p(E) + p(F)$

ただし，$\phi$ は空事象，$U$ は全事象である．もちろん，$\phi \subset E \subset U$ である．

さきに，ある事象はより根元的な事象の和事象であるという考え方を述べた．これをさらに一歩進めて，物質が最小の要素である原子から成り立っているように，どの事象も“最小の要素”から成り立っているという考え方ができる．これらの最小の要素を**根元事象**とよぶ．すべての根元事象は互いに素である．ある事象 $A$ に含まれる根元事象の数を $n(A)$ と書くことにする．

ある事象 $E$ の確率 $p(E)$ の値を具体的に与えようとする場合，統計的な方法が用いられる．すなわち，事象 $E$ が起こった実例（**資料**という）の総数を $r$，同じく $\bar{E}$ の資料の総数を $s$ とし，全資料数を $n = r + s$ とおくとき，$r/n$ を**相対度数**という．このとき，確率 $p(E)$ を $n$ を十分大きくしたときの相対度数の極限値

$$p(E) = \lim_{n \to \infty} \frac{r}{n}$$

として定義するのである．確率 $p(E)$ は $E$ の客観的な属性値であるが，コルモゴロフの公理ではその値の決め方は与えられていない．上に述べた確率の統計的決定はごく普通に行われている妥当な方法である．

※　$E \cap F = \phi$ のとき $\boldsymbol{E}$ **と** $\boldsymbol{F}$ **は互いに素**である，あるいは**互いに排反**であるという．また，（iii）は確率の**加法定理**と呼ばれている．

### 2·2·2　条件付き確率

ある日の天気が晴れのときに翌日の天気がまた晴れになる確率や，2つの事象の因果関係などを考えるとき，**条件付き確率**の概念が役に立つ．一般に，**事象 $A$ が起こったとき，事象 $B$ が起こる確率**を $p(B|A)$ と書き，$A$ **のもとでの** $B$ **の条件付き確率**という．条件付き確率も同じ条件 $A$ のもとで，すでに述べた確率の公理を満たすものでなければならない．

条件付き確率 $p(B|A)$ はつぎのように定義される．

公式　$$p(B|A) = \frac{p(A \cap B)}{p(A)} \quad \cdots\cdots(2・1)$$

$p(A \cap B)$ は，$A$ と $B$ の積事象の確率，つまり事象 $A$ と $B$ が同時に起こる確率であり，**結合確率**という．式(2·1)により，ただちに

公式　$$p(A \cap B) = p(A)p(B|A) \quad \cdots\cdots(2・2)※$$

を得る．式(2·1)あるいは式(2·2)に表れた3種類の確率の間の関係を理解するため，図2·4で考えてみよう．

全体集合 $U$ は，すべての根元事象を含む全事象 $U$ を意味するものとしよう．任意の2つの事象 $A$，$B$ はそれぞれ $U$ の部分集合に対応させせることができる．ここで，すべての根元事象の確率が等しく $p_0$ であると仮定してみる．コルモゴロフの公理より，全事象 $U$ について

$$p(U) = p_0 \cdot n(U) = 1 \quad \cdots\cdots(2・3)$$

である．

式(2·1)の右辺に用いられている2つの確率は $p_0$ を用いて

$$p(A \cap B) = p_0 \cdot n(A \cap B) \quad \cdots\cdots(2·4)$$

$$p(A) = p_0 \cdot n(A) \quad \cdots\cdots(2·5)$$

と書ける．式(2·4)と式(2·5)を，式(2·1)に代入して

※　確率の**乗法定理**と呼ばれる．

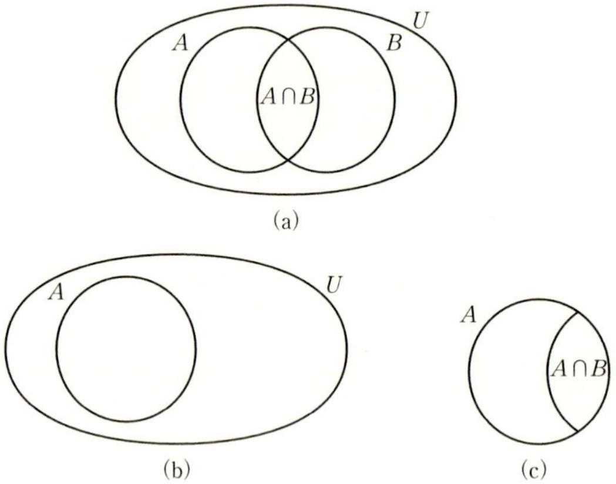


**図2・4**　全事象 $U$ における各事象の包含関係を表すベン図
（確率 $p(\mathrm{A})$ が全事象（$p(U)=1$）を基準としたものに対し，
条件付き確率 $p(B|A)$ は事象 $A$ を基準とする．）

$$p(B|A) = \frac{n(A \cap B)}{n(A)} \qquad \cdots\cdots(2\cdot6)$$

を得る．一方，$p(U)=1$ だから，式(2·3)と式(2·5)より

$$p(A) = \frac{n(A)}{n(U)} \qquad \cdots\cdots(2\cdot7)$$

を得る．

図2·4を参照しながら，式(2·6)と式(2·7)を比較してみると，基準となる事象に対する根元事象の数の割合によってそれぞれの確率が与えられることがわかる．すなわち，$p(B|A)$ は事象 $A$（図(c)）を，$p(A)$ は全事象 $U$（図(b)）を基準としているのである．

**例題2・1**

ある会議の出席者が男性98人，女性25人で，日本人は男性52人，女性11人であった．全体の出席者から任意に1人を選び出す．その人が男性であったとき，日本人である確率を求めよ．

**解**　選び出された人が男性であるという事象を $A$，選び出された人が日本人であるという事象を $B$ とし，図 2･5 で考えてみる．余事象 $\bar{A}$ と $\bar{B}$ はそれぞれ，女性である事象と外国人である事象を意味することになる．特定の個人が選び出される事象を根元事象とすると，根元事象の数は出席者の総数である．さて，この問題は条件付き確率 $p(B|A)$ を求めることになるが，根元事象の確率をすべて等しいとみて，式(2･6)を利用して考える．

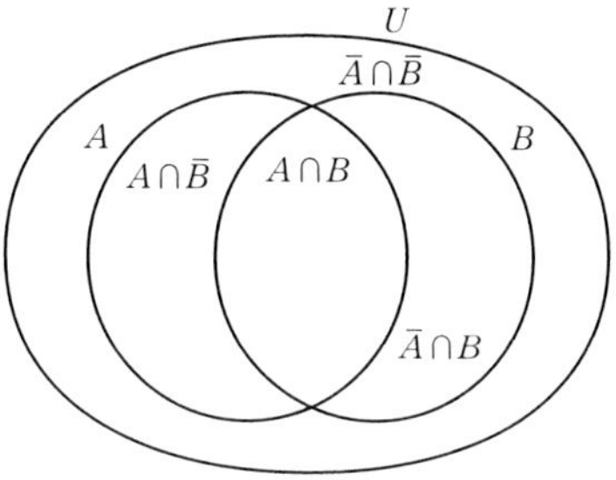


**図 2・5**　会議出席者を考えるベン図
(外国人男性 $(A\cap\bar{B})$ は $98-52=46$ 人，日本人女性 $(\bar{A}\cap B)$ は 11 人，外国人女性 $(\bar{A}\cap\bar{B})$ は $25-11=14$ 人である．)

題意より，$n(A\cap B)=52$，$n(A)=98$ だから以下のようになる．

$$p(B|A)=\frac{52}{98}=0.53$$

**終り**

条件付き確率に関連して，つぎの**ベイズ**（Bayes）**の定理**が重要である．互いに素な $n$ 個の事象 $E_1, E_2, \cdots, E_n$ があり

$$U=E_1\cup E_2\cup\cdots\cup E_n \qquad \cdots\cdots(2\cdot8)$$

とすると，ある事象 $A$ について

$$p(E_i|A)=\frac{p(E_i\cap A)}{p(A)}=\frac{(E_i\cap A)}{\sum_{j=1}^{n}p(E_j\cap A)}$$

**公式**

$$=\frac{p(A|E_i)p(E_i)}{\sum_{j=1}^{n}p(A|E_j)p(E_j)} \qquad \cdots\cdots(2\cdot9)$$

が成り立つ．事象 $E_i$ $(i = 1, \cdots, n)$ を $A$ の原因と考えるとき，$p(E_i)$ を**事前確率**，$p(E_i \mid A)$ を**事後確率**という．

なお，上式の分母の変形で用いられている関係

公式　$$p(A) = \sum_{j=1}^{n} p(E_j \cap A) = \sum_{j=1}^{n} p(A \mid E_j)\, p(E_j) \quad \cdots\cdots (2 \cdot 10)$$

も重要である．

2 つの事象 $A$，$B$ があるとき，両者の間に**因果関係**があるかないかを条件付き確率を用いてつぎのように表現する．

(1)　$p(B \mid A) \neq p(B \mid \bar{A})$　ならば
　“$B$ は $A$ に**従属**である．”

(2)　$p(B \mid A) = p(B \mid \bar{A})$　ならば
　“$A$，$B$ は互いに**独立**である．”

2 つの事象 $A$，$B$ が互いに独立ならば，つぎの関係が成り立つ．

公式　$$p(A \cap B) = p(A)\, p(B) \quad \cdots\cdots (2 \cdot 11)^{※}$$

**例題 2・2**

1 人の人間が近視である確率を 0.5，近視でない確率を 0.5 とする．近視の人が眼鏡をかけている確率は 0.6，近視でない人が眼鏡をかけている確率は 0.2 であるという．眼鏡をかけている人が近視である確率を求めよ．

解　ベイズの定理を利用する．「近視である」ことを $E_1$，「近視でない」ことを $E_2$ とし，「眼鏡をかけている」ことを $A$ とすると，題意は

$$p(E_1) = p(E_2) = 0.5$$

$$p(A \mid E_1) = 0.6,\quad p(A \mid E_2) = 0.2$$

※　確率の**乗法定理**という

という条件のもとで $p(E_1 \mid A)$ を求めることにある．

式(2·9)よりつぎの結果を得る．

$$p(E_1 \mid A) = \frac{p(A \mid E_1)p(E_1)}{p(A \mid E_1)p(E_1) + p(A \mid E_2)p(E_2)}$$

$$= \frac{0.6 \times 0.5}{0.6 \times 0.5 + 0.2 \times 0.5}$$

$$= 0.75 \text{（求める確率）}$$

終り

### 2·2·3　完全事象系

甲，乙2人のボクシングの試合の結果に関する情報とは，「甲が勝った」「甲が負けた」および「引き分けた」という互いに素な事象のうち，どの1つが起こったかということである．また，明日の天気に関する情報は簡単に考えれば「雨」「くもり」および「晴れ」という3つの可能な事象の1つを指定することといえる．このような現実の問題を，以下のように**確率モデル**によって表現する方法を紹介しよう．

互いに素な $n$ 個の事象 $E_1, \cdots, E_n$ があり，それぞれの確率を $p_i = p(E_i)$ $(i = 1, \cdots, n)$ とする．いま

$$\sum_{i=1}^{n} p_i = 1$$

のとき，事象の集合 $\{E_1, \cdots, E_n\}$ を**完全事象系**といい，つぎのように示す．

$$\boldsymbol{E} = \begin{bmatrix} E_1 & E_2 \cdots\cdots E_n \\ p_1 & p_2 \cdots\cdots p_n \end{bmatrix}$$

完全事象系は，現実の事象の起こり方の確率モデルであり，たとえば $E_1 =$「雨」，$E_2 =$「くもり」および $E_3 =$「晴れ」とおくと

$$\boldsymbol{E} = \begin{bmatrix} E_1 & E_2 & E_3 \\ p_1 & p_2 & p_3 \end{bmatrix}$$

のように明日の天気を1つの事象系として表現することができる．完

全事象系の元 $E_1, \cdots, E_n$ はもちろん互いに素な事象であるが，前に述べたように事象と記号が不可分の関係をもっているから，$E_1, \cdots, E_n$ を $n$ 個の記号とみなすこともできる．このとき，確率 $p_1, \cdots, p_n$ は記号の発生確率を意味することになり，$\boldsymbol{E}$ を記号系と考えることができる．情報とは事象を表現する記号そのものであるとの見方に立てば，記号の発生の確率モデルである $\boldsymbol{E}$ を**情報源**とよぶことができる．このように完全事象系は，その名称を離れていろいろな意味をもたせることができるのである．

## 2・3　情報の定量化

### 2·3·1　情　報　量

ニュースバリューについて考えた際，情報を受けとる人によってそれが左右される問題の根源は，ニュースバリューが確率的要因のみならず，非確率的要因によっても大きく影響されるところにあると考えた．ここでいう非確率的要因は“情報の価値”の問題と密接に関係している．情報理論では前節で述べたように，事象の発生を確率モデルでとらえるため，個々の事象の価値という考え方が入り込む余地がないのである．したがって，情報の定量化に取り組む際にも，ニュースバリューというあいまいな概念を捨てて，より明確な量を定義することが必要となってくる．

電気を取り扱う分野で電流や電圧という量が主役を演ずるように，情報を取り扱う情報理論でもいくつかの基本となる量が重要な役割を果たす．**情報量**はそのうちで最も重要なものの１つである．

ある事象 $E$ が起こり，それを記述する記号を受けとってわれわれは情報を得る．このとき得る情報量を事象の確率 $p(E)$ を用いて定義したい．さて，情報量を確率の関数として具体的に定義するにあたって，“情報量”という名称にふさわしいと思われる性格をもたせるため，いくつかの条件をわれわれの経験に照らしながら整理してみることにしよう．

事象 $E$ に関する情報量を $i(E)$ とおいてみよう．まず，情報量の最小値を 0 と考えることは自然と考えられるので，まず

$$i(E) \geqq 0 \qquad \cdots\cdots(2\cdot12)$$

という条件をおく．

つぎに，互いに独立な事象 $E$ と $F$ があるとき，それらの積事象 $E \cap F$ に関する情報量は $E$ と $F$ の情報量の和，つまり

$$i(E \cap F) = i(E) + i(F) \qquad \cdots\cdots(2\cdot13)$$

で与えられるという条件である．

よくきられたトランプから，ある 1 枚が引き抜かれるという事象は，S（スペード），H（ハート），C（クローバー），D（ダイヤ）という 4 種の内の 1 つが起こる事象と 1 から 13 までの数字の内の 1 つが起こる事象との積事象となっている．

このとき，たとえば図 2·6 に示されるカードを見たときには，「S である」という情報と「1 である」という情報とが同時に得られる．つまり，このカードは“S ∩ 1”を示している．このときの情報量は，もし 2 つの情報が別々に時間差で得られた場合のそれぞれの情報量の和になると考えるのは自然であろう．

式(2·13)はこのような経験的な見方を $i(E)$ の形を決める条件として定式化したもので，とくに**情報量の加法性**とよばれる．

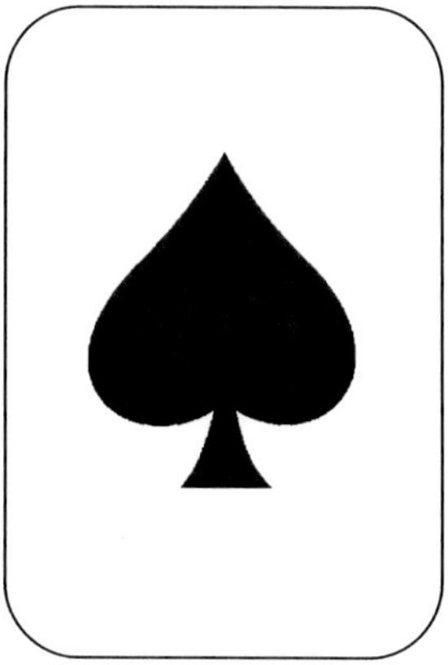

**図 2・6**　S ∩ 1 を示すカード

一方，情報量 $i(E)$ の基本単位をどのようにして決めればよいかという問題がある．電流の基本単位は1アンペアであるが，このように量を測る基準としての単位を設定することは大切なことである．われわれは，情報量を事象の確率の関数として定義しようとしているが，では確率がどのような値をとったときに情報量を1と決めるのかということになる．コルモゴロフの公理より，$0 \leqq p(E) \leqq 1$ であるから，ここで確率 $p(E)$ が変域のちょうど中間の値をとるときを基準にしようという考え方が出てくるのである．そこで，これを条件

$$p(E) = \frac{1}{2} \text{ のとき } \quad i(E) = 1 \qquad \cdots\cdots(2\cdot 14)$$

として定式化する．

さて，式(2·12)，(2·13)および(2·14)によって与えられた条件から，情報量を定義する問題は，$p = p(E)$，$q = p(F)$ のとき，$i(E)$ が $p$ の関数とみて

$$\begin{cases} \text{(i)} \quad f(p) \geqq 0 \qquad (0 \leqq p \leqq 1) & \cdots\cdots(2\cdot 15)^{※} \\ \text{(ii)} \quad f(pq) = f(p) + f(q) & \cdots\cdots(2\cdot 16)^{※※} \\ \text{(iii)} \quad f\left(\frac{1}{2}\right) = 1 & \cdots\cdots(2\cdot 17) \end{cases}$$

という3つの条件のもとで，関数 $f(p)$ の形を決定する**関数方程式**の問題に帰着するのである．

この関数方程式を解くと，つぎのような解が得られる[6)]．

$$f(p) = -\log_2 p$$

すなわち

**公式** $\quad i(E) = -\log_2 p(E)$〔ビット〕 $\cdots\cdots(2\cdot 18)$

であり，われわれはこれを事象 $E$ に関する**情報量**とよぶことにする．

---

※　$i(E)$ が $p(E)$ の関数であると考えて，$f(p)$ と書いている．

※※　式(2·11)参照

式(2·18)で，対数の底に2が現れているが，これは(iii)の条件によるものであり，このことに由来して情報量の単位には**ビット**(bit = binary unit の略)という名称が用いられる．

このように定義した$-\log_2 p(E)$という関数について，まずそれが単調減少関数であることは，図2·7から明らかである．つまり，確率→小で情報量→大という対応が得られていることをもう一度確認しておこう．また，確率が1という事象は「太陽が東から昇る」というような永久不滅の真理を意味していると考えられ，情報量が0となるのも納得がいくことである．一方，確率が0に近づけば，情報量は∞に発散する．つまり，万が一にも起こり得ないと思われていた事象が起こった場合の情報量はとてつもなく大きくなることを意味するが，これについても納得できる．

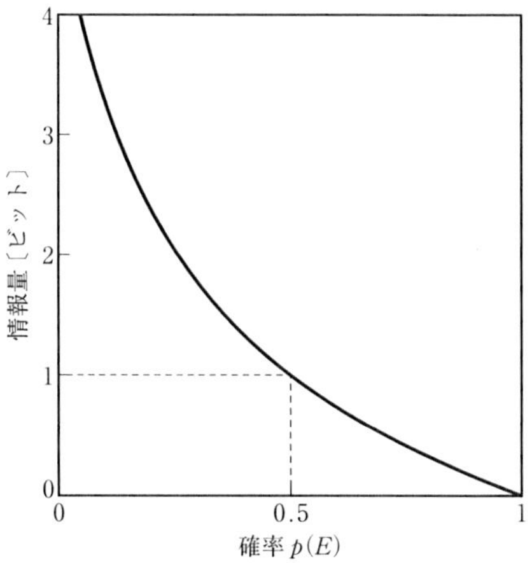


**図2・7**　確率と情報量の関係

### 2·3·2　情報量の意味

定義された情報量をいろいろな角度からながめてみると，興味深い解釈が得られる．

確率1/2の事象に関する情報量は1ビットであるとしたが，このような事象の例として，コインを投げて「表が出る」という事象を考えてみる．いま，ある事象$E$の情報量が$n$ビットであるとする．つまり

$$n = -\log_2 p(E) \qquad \cdots\cdots(2 \cdot 19)$$

である．この式を書き換えると

$$p(E) = \left(\frac{1}{2}\right)^n \qquad \cdots\cdots(2\cdot 20)$$

となる．式(2・20)で示された確率は，コインを $n$ 回投げて「$n$ 回とも表が出る」確率に等しい．つまり，事象 $E$ の起こる珍しさがコインを投げて**表が出現し続ける回数**として測定されていると考えることができる．このように考えると，情報量が 100 ビットであれば，相当まれな珍しい事象が発生したという情報を得たことになる．

コインを投げて表が出た裏が出たという事象は Yes か No か，勝った負けた，右か左かなど 2 つの可能な状態のうちから 1 つを指定する**二者択一**の問題におき換えることができる．たとえば，中身の見えない 2 つの箱があり，一方には宝石が入っていて他方は空であるとする．外から見る限り全く区別のつかない 2 つの箱のうち，どちらに宝石が入っているかという可能性はまさに半々である．このとき，2 つの箱のうち宝石の入っている方がどれかを教えられたときの情報量は，コインのときと同様に 1 ビットである．しかし，1 ビットになる理由をつぎのように転化させるとおもしろい．

確率 1/2 の意味をこの例に当てはめると，可能性の等しい**状態の数**（**場合の数**）の逆数と解釈できる．実際，$-\log_2(1/2) = \log_2 2$ であるから，情報量は状態の数 2 の対数と考えることができる．この意味において 1 ビットは 1 回の二者択一が与える情報量といえる．さきの例で，空箱の数をどんどん増やして全体で 8 つの箱のうちから 1 つを指定する問題はどうなるであろうか．

この場合，状態の数は 8 であるから

$$\text{情報量} = \log_2 8 = 3\ \text{ビット}$$

と計算される．いま，一列に並べられている 8 つの箱をまん中で右と左のグループに分けてみる．「宝石は右にあるか？」という質問に対して Yes，No の情報が得られれば，一方のグループを除外することができる．すなわち，1 回の二者択一によって考えなければならない状態の数を半分に減らすことができる．この問題では，図 2·8 のように，合計 3 回の二者択一によって宝石の入った箱を完全に指定することができる．計算された情報量 3 ビットの意味は必要な二者択一の回数とも理解できるのである．

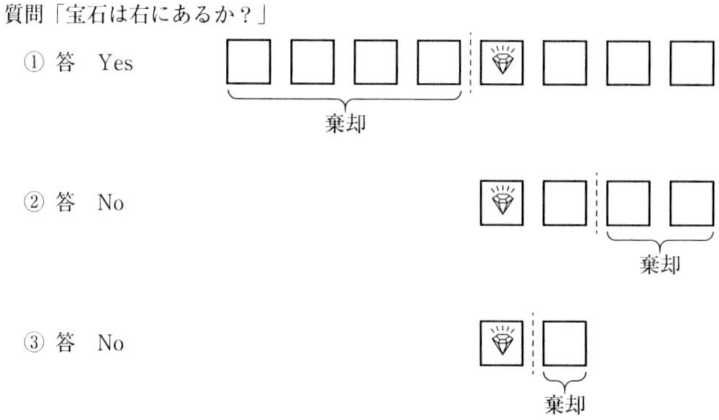


**図 2・8**　二者択一の反復による宝石の箱の指定

この考え方の例として，たとえば 3 桁の整数が「10 ビットで表現される」などといういい方がある．これは，0 から 999 まで 1 000 個の可能な状態があり，1 桁につき 0 か 1 かの二者択一によって 1 つの状態を指定する（2 進表現する）ためには，10 回の二者択一（10 桁）が必要なことを示しているといえる．実際

$$\log_2 1\,000 = 9.966 \fallingdotseq 10 \text{ ビット}$$

のように計算されることでこのことがわかる※．この例では直接の計

※　逆に $\log_2 x = 10$ を計算すると $x = 1\,024$ となり，10 ビットで 0～1 024 の整数を表現できることがわかる．

算値が小数部分をもっているが，このように状態の数が2の累乗でない場合，情報量は整数値をとらない．

もし，極端な例として状態の数が1である場合を考えてみよう．もちろん，形式的には $\log_2 1 = 0$ であるから情報量は0である．状態の数が1であることが，二者択一をしようにもできない混とんとした状況を示しているとすれば，自我のめざめによって自分と非自分を区別できる状況を人生の“最初の1ビット”であるという[7] いささか哲学的な解釈もできそうである．

ここまで，事象の確率という考え方をいろいろ発展させてみると，情報量のもつ意味もバラエティに富んだものとなることがわかった．しかし，その根本的な定義が，式(2·18)であることをつねに念頭においておくことも大切である．

## 2・4　エントロピー

### 2·4·1　完全事象系のエントロピー

つぎのような完全事象系 $\boldsymbol{E}$ を考える．

$$\boldsymbol{E} = \begin{bmatrix} E_1 & E_2 \cdots\cdots & E_n \\ p_1 & p_2 \cdots\cdots & p_n \end{bmatrix} \qquad \cdots\cdots(2 \cdot 21)$$

完全事象系は，互いに素な事象の集合であるから同時に2つ以上の事象が起こることはなく，1つずつ時間をおいて発生する．たとえば，サイコロの目を1つの事象とみると上式で $n = 6$ とし，確率をすべて等しいとおくことによって

$$\boldsymbol{E} = \begin{bmatrix} E_1 & E_2 & E_3 & E_4 & E_5 & E_6 \\ \dfrac{1}{6} & \dfrac{1}{6} & \dfrac{1}{6} & \dfrac{1}{6} & \dfrac{1}{6} & \dfrac{1}{6} \end{bmatrix}$$

という完全事象系の具体例が得られる．サイコロを1回振ると1つの事象が起こる．繰り返し振ることでつぎつぎと事象が発生していく．このように，サイコロという具体例から類推すること（アナロジー）によって式(2･21)に示した完全事象系の性質を理解しやすくなる．

さて，式(2･21)の完全事象系 $\boldsymbol{E}$ にもどって話を進めよう．事象（あるいは記号）$E_i$ $(i = 1, \cdots, n)$ が発生したときの情報量は

$$-\log_2 p_i \quad 〔ビット〕 \qquad \cdots\cdots(2・22)$$

であり，事象がつぎつぎと発生するとき，そのつどわれわれは式(2･22)で示される情報量を得る．この場合，事象が1つずつ発生していく様子は，記号の系列，たとえば

$$\cdots\cdots \; E_3 \quad E_2 \quad E_6 \quad E_1 \quad E_n \; \cdots\cdots$$

で表現できるであろう．

一般的には，個々の事象の確率はもちろん等しくはないので，情報量もそれぞれ異なる．事象がつぎつぎと発生していくこのような状況のもとでは，個々の情報量よりも何か平均的な量を大づかみに把握するほうが便利である．そこで，十分長い系列を考えて，個々の事象の情報量の総和を求め，記号系列の長さに対応する事象の数で平均をとることによって**平均情報量**を求めることができる．すなわち，これは

$$\frac{\text{情報量の総和}}{\text{発生した事象の数}} \qquad \cdots\cdots(2・23)$$

によって計算できる．

記号系列の長さ（事象の数）を十分大きくすれば，$E_i$ $(i = 1, \cdots, n)$ の現れる**相対度数**※ は次第に $p_i$ に収束する※※ ので，式(2･23)で得ら

※　2･2･1 項参照
※※　大数の法則ともいう

れる値は次式で示される $H(\boldsymbol{E})$ と一致する．

公式　$$H(\boldsymbol{E}) = -\sum_{i=1}^{n} p_i \log_2 p_i \text{〔ビット〕} \qquad \cdots\cdots(2\cdot 24)$$

式(2·24)で定義された $H(\boldsymbol{E})$ を完全事象系 $\boldsymbol{E}$ の**エントロピー**と呼ぶ．

このように，エントロピーは完全事象系の平均情報量という概念と同一である．ちなみに，この“エントロピー”という用語は物理学でも用いられており，両者の関連性を考えることははなはだ興味深い（後述の 2·4·3 項を参照）．

式(2·21)を，記号 $E_1, \cdots, E_n$ の発生の確率モデルとみたとき，式(2·24)は**情報源 $\boldsymbol{E}$ のエントロピー**とよばれる．このとき，$H(\boldsymbol{E})$ は1つひとつの記号によって異なる情報量を式(2·23)のように記号（事象）の数で平均したものであるから，**記号あたり**のエントロピーとよばれ，単位として〔ビット/記号〕を用いるのが厳密である．

**例題 2・3**

ボクシングの試合が2つあり，それぞれ $\boldsymbol{A}$，$\boldsymbol{B}$ とする．$\boldsymbol{A}$ のボクサーを $A_1$，$A_2$，$\boldsymbol{B}$ のボクサーを $B_1, B_2$，とする．4人のボクサーの勝つ確率を与えて2つの試合 $\boldsymbol{A}$，$\boldsymbol{B}$ を次のような完全事象系として表せるものとする．

$$\boldsymbol{A} = \begin{bmatrix} A_1 & A_2 \\ \dfrac{1}{2} & \dfrac{1}{2} \end{bmatrix}, \qquad \boldsymbol{B} = \begin{bmatrix} B_1 & B_2 \\ \dfrac{1}{8} & \dfrac{7}{8} \end{bmatrix} \qquad \cdots\cdots(2\cdot 25)$$

試合 $\boldsymbol{A}$，$\boldsymbol{B}$ についてそれぞれエントロピーを求め，大小比較せよ．

**解** 式(2・24)より

$$H(\boldsymbol{A}) = -\frac{1}{2}\log_2\frac{1}{2} - \frac{1}{2}\log_2\frac{1}{2} = 1 \text{ ビット}$$

$$H(\boldsymbol{B}) = -\frac{1}{8}\log_2\frac{1}{8} - \frac{7}{8}\log_2\frac{7}{8} = 0.54 \text{ ビット}^{※}$$

であるから

$$H(\boldsymbol{A}) > H(\boldsymbol{B}) \quad \cdots\cdots(2\cdot26)$$

である．

**終り**

例題2・3について考えてみよう．試合 $\boldsymbol{A}$ のエントロピーのほうが大きいという結果が出ているが，なぜであろうか？

式(2・25)で示されている試合 $\boldsymbol{A}$，$\boldsymbol{B}$ の中身をよく考えてみれば，$\boldsymbol{B}$ の試合の結果はあらかじめ，相当の確率で $B_2$ が勝つだろうという予想がついてしまうことに気づく．これに対して $\boldsymbol{A}$ のほうはどちらの勝率も五分五分で，まったく予想がつかない．こう考えると，エントロピーが試合の結果に関して**予想のつけにくさ**の尺度となっていることがわかる．

一般的に考えると，エントロピーは，事象が実際に起こる前の時点で一体どの事象が起こるのだろうかという完全事象系についての漠然とした**不確かさ**を示している量と考えることができる．すなわち，われわれが情報を得ることで生ずる変化は，情報を受けとる前の時点でもっているある不確かさが，情報を受けることによって消滅することにある．消滅した不確かさの量は情報量にほかならないから，これを平均したもの，すなわちエントロピーが完全事象系全体としての不確かさを示していると考えるのは自然である．

この考えに立つと，たとえば式(2・25)の $\boldsymbol{A}$ を記号 $A_1$ と $A_2$ を発生

※ $\log_2\frac{7}{8} = \log_2 7 - 3 = \frac{\log_{10} 7}{\log_{10} 2} - 3$ であるから常用対数表で計算できる．

する情報源とみたとき，エントロピー $H(\boldsymbol{A})$ は，やはり記号あたりの平均情報量であるとともに，発生する記号がどれであるかについての不確かさの量となっているということがわかるだろう．

### 2·4·2 エントロピーの性質

いま，2つの事象 $E_1$，$E_2$ からなる完全事象系 $\boldsymbol{E}$ をつぎのように与えよう．

$$\boldsymbol{E} = \begin{bmatrix} E_1 & E_2 \\ p & 1-p \end{bmatrix} \qquad \cdots\cdots(2 \cdot 27)$$

エントロピー $H(\boldsymbol{E})$ は

$$H(\boldsymbol{E}) = -p\log_2 p - (1-p)\log_2(1-p) \qquad \cdots\cdots(2 \cdot 28)$$

となる．$H(\boldsymbol{E})$ はこの場合，$p$ の関数となっているので便宜的に $H(p)$ と書くことにしよう．$H(p)$ が1つの極値をもつことはつぎのように確かめられる．

$$\frac{dH(p)}{dp} = 0 \qquad \cdots\cdots(2 \cdot 29)$$

とおくと

$$\log_e \frac{1-p}{p} = 0 \qquad \cdots\cdots(2 \cdot 30)^{※}$$

が得られる．左辺は $H(p)$ の導関数であるが，$p = 1/2$ なる根をもつことがわかる．導関数 $(dH/dp)$ が根の前後で正から負へ反転することが式(2·30)で確かめられるから，$H(\boldsymbol{E})$ は

$$p = \frac{1}{2} \qquad \cdots\cdots(2 \cdot 31)$$

で極大値をもつ．極大値は1である．

一方，$-0\log_2 0 = 0$ $\cdots\cdots(2 \cdot 32)$

※ 微分する際，底を2から $e$ へ変換している．

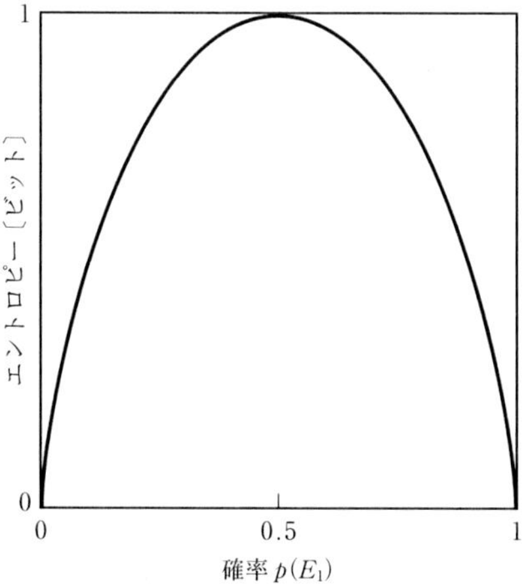


**図 2・9**　確率とエントロピーの関係

と考えるので，$p=0$ および $p=1$ でともに $H(\boldsymbol{E})$ は 0 である．

以上のことを考慮すると，図 2·9 が得られる．図 2·7 と図 2·9 を比較すると，1 つの事象の情報量と系のエントロピーというものの違いが歴然となる．すなわち，一方は単調減少関数であるのに対して，他方は極大値をもっているのである．

式(2·27)を情報源と考えれば，2 つの記号の発生の仕方に**かたより**がないとき，つまり両方の確率が等しくなるときエントロピーが最大になることを示している．これは，例題 2・3 で考えた“結果の予想”と不確かさの議論を裏づけている．

**例題 2・4**

3 個の記号 $E_1$，$E_2$，$E_3$ を発生する情報源 $\boldsymbol{E}$ がつぎのように与えられる．

$$\boldsymbol{E}=\begin{bmatrix} E_1 & E_2 & E_3 \\ p_1 & p_2 & p_3 \end{bmatrix} \qquad \cdots\cdots(2\cdot33)$$

$$p_1+p_2+p_3=1 \qquad \cdots\cdots(2\cdot34)$$

情報源のエントロピー $H(\boldsymbol{E})$ を最大にする確率 $p_1$，$p_2$，$p_3$ を求めよ．

**解** エントロピーは次式のようになる．

$$H(\boldsymbol{E}) = -p_1 \log_2 p_1 - p_2 \log_2 p_2 - p_3 \log_2 p_3 \qquad \cdots\cdots(2\cdot35)$$

式(2·35)を最大にする $p_1$，$p_2$，$p_3$ を求めるのは，式(2·28)のように簡単にはいかず少し面倒である．そこで，つぎのような方法を考えてみよう．

$H(\boldsymbol{E})$ を $H(p_1, p_2, p_3)$ とおき，式(2・34)をつぎのようにおく．

$$g(p_1, p_2, p_3) = p_1 + p_2 + p_3 - 1 = 0 \qquad \cdots\cdots(2\cdot36)$$

いま，新たな変数 $\lambda$ を導入して

$$F = H(p_1, p_2, p_3) - \lambda\cdot g(p_1, p_2, p_3) \qquad \cdots\cdots(2\cdot37)$$

なる $F$ を定義する，$F$ を極大にする $p_1$，$p_2$，$p_3$，$\lambda$ は

$$\frac{\partial F}{\partial p_1} = 0,\quad \frac{\partial F}{\partial p_2} = 0,\quad \frac{\partial F}{\partial p_3} = 0,\quad \frac{\partial F}{\partial \lambda} = 0 \qquad \cdots\cdots(2\cdot38)$$

を満足することになる．4 番目の式は式(2·37)より

$$\frac{\partial F}{\partial \lambda} = g(p_1, p_2, p_3) = 0 \qquad \cdots\cdots(2\cdot39)$$

となるので式(2·36)よりつねに成り立つ．

一方，式(2·37)の第 2 項は式(2·36)によって常に一定値 (0) となるが，このことからも $F$ を極大にする $p_1$，$p_2$，$p_3$ が $H(p_1, p_2, p_3)$ をも極大にするということが理解できる．

したがってここでの問題は，式(2·38)を満たす $p_1$，$p_2$，$p_3$，$\lambda$ を求める問題に帰着する．この方法は，**制約条件**式(2・36)のもとで，$H(p_1, p_2, p_3)$ を極大にする $p_1$，$p_2$，$p_3$ を決める**ラグランジュの方法**とよばれ，$\lambda$ を**未定定数**とよぶ．

さて，式 (2·38) を順次具体的に計算してみよう．最初の $p_1$ に関する式は

$$\frac{\partial F}{\partial p_1} = -\log_2 p_1 - \log_2 e - \lambda = 0$$

となり

$$p_1 = \frac{1}{e} 2^{-\lambda}$$

を得る．$p_2$，$p_3$についても同様なので

$$p_1 = p_2 = p_3$$

を得る．式(2·34)に代入して，結局次のように解が求められる．

$$p_1 = p_2 = p_3 = \frac{1}{3} \qquad \cdots\cdots(2\cdot40)$$

終り

ここまで，2事象および3事象（記号）の完全事象系の最大エントロピーは，式(2·31)および式(2·40)によってそれぞれ等確率のときに限って与えられることがわかった．これより，一般的に $n$ 個の事象からなる完全事象系のエントロピーも同様に，すべての事象の確率が等しいときに最大となることは容易に想像がつくだろう．このとき，事象の確率はすべて $1/n$ になるから，最大エントロピーは

公式 $$-\sum_{i=1}^{n} \frac{1}{n} \log_2 \frac{1}{n} = \log_2 n \qquad \cdots\cdots(2\cdot41)$$

という値をとることになる．これは，**エントロピーの最大原理**とよばれている．

**例題2・5**

出発点から $r$ 本のトンネルが出ている．それぞれのトンネルは一定の距離を進むごとに分岐点に達し，各分岐点からはやはり $r$ 本のトンネルが出ていて，一定の距離を進むとまた分岐点に達する．このような分岐が永遠に続いているものとする．

1つの分岐点（出発点を含む）では，$r$ 本のトンネルの入口を1つずつ吟味したのち，最終的に1つを選択して前進することとする．いま，出発点から $n$ 回トンネルをくぐってある分岐点に

到達する場合を考える．吟味の総数 $r \cdot n$ を一定値に固定したとき，到達可能な分岐点の総数を最大にする $r$ を求めよ．

**解**　$n$ 回のトンネルの選択で到達可能な分岐点の総数 $X$ は

$$X = r^n$$

である．吟味の総数を一定値 $k$ とすると

$$n = \frac{k}{r}$$

である．これを上式に代入して

$$X = r^{\frac{k}{r}}$$

を得る．$X$ を最大にする $r$ を求めるため，両辺の対数をとって

$$\log_e X = k \cdot \frac{\log_e r}{r}$$

を最大にすることを考える．

右辺を $r$ で微分して 0 とおくと

$$\log_e r = 1$$

となるから，$X$ を最大にする $r$ は

$$r = e \fallingdotseq 2.718 \quad (\text{自然対数の底})$$

と計算される．$r$ は整数であるので，計算値に最も近い整数を選ぶと

$$r = 2 \text{ あるいは } 3$$

という結果が得られる．

**終り**

例題 2·5 の結果はいろいろな示唆に富む内容をもっている．$n$ 回の選択で到達する分岐点 $r^n$ 個の内の特定の 1 点へは，トンネルの選択に関する確実な情報が与えられていれば必ず到達できる．ところが，何の事前知識もない場合には，特定の 1 点へ到達できる確率は $1/r^n$ であり，エントロピーは最大である（エントロピーの最大原理）．

式(2·41)よりこのエントロピーは

$$\log_2 X = n \log_2 r \quad 〔ビット〕$$

であるが，$r \cdot n$が一定であるという条件のもとでこれを最大にする$r$もまた2あるいは3となることは例題2·5より明らかである．

吟味の総数$r \cdot n$を**コスト**※とみれば，“コスト一定の条件下で最大エントロピーをさらに最大にする$r$（選択枝の数）は2あるいは3である”という結果は，コンピュータに2進法が用いられていることの妥当性の裏付けにもなるだろう．

### 2·4·3　秩序と無秩序

エントロピーの用語が物理学でも用いられていることはさきに述べた．物理学では，エントロピーは**系の無秩序さ**の度合いを示す量とみなされ，外部との力学的関係が絶たれた孤立系ではエントロピーが次第に増加するとされている．この性質から，**エントロピーは時間の矢**であるという考え方も生まれるにいたった※※．

情報理論のエントロピーと物理学的エントロピーが，名称だけでなく実体として互いに関係しあうものだと考えさせられる例がいくつかある．図2·10の例を説明しよう．

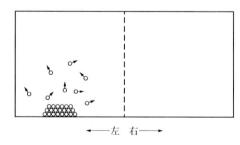

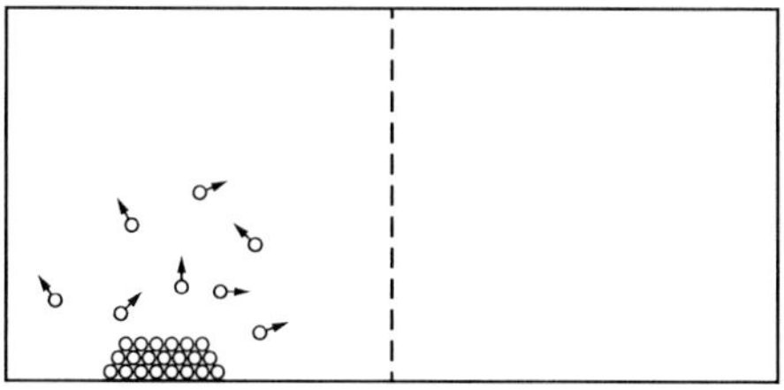


**図2・10**　水そうと砂糖の思考実験

横に長い水そうがあり，水がいっぱい入れてある．最初水そうの左側に砂糖を上から静かに注ぐ．この水そうを孤立系とみると，最初の段階で

※　cost（費用）

※※　Sir Arthur Eddington

はすべての砂糖の粒子は“左側”にあり，全体として“秩序”を保っているが，溶解と拡散によって右側も次第に“甘い水”に変化していく．これは無秩序さの増大にほかならず，すなわちエントロピーは増加する．

一方，情報理論的にこの例を考えると，砂糖の粒子（あるいは分子）がどちらにあるかという問題に関して，最初の段階では確率1で左側にあるといえる．ところが，時間がたつにつれ不確かさが増大していく．すなわち，情報理論的エントロピーも増加することになる．

統計力学で有名なボルツマン（Boltzman）の墓碑には

$$S = k \log W \qquad \cdots\cdots(2 \cdot 42)$$

と誌されているということである[8)]．ここで，$S$は孤立した力学系のエントロピー，$k$はボルツマンの定数，$W$はエネルギー的状態の数である．物理学による式(2·42)と情報理論による式(2·41)が比例定数を除いてよく似ているということが認識できるだろう．

### 2·4·4　2つの完全事象系

ある国際会議の出席者の中から任意に1人を選び出したとき，日本人であるという事象を$A_1$，外国人であるという事象を$A_2$とすると，つぎのような完全事象系$\boldsymbol{A}$として表現できるという．

$$\boldsymbol{A} = \begin{bmatrix} A_1 & A_2 \\ 0.5 & 0.5 \end{bmatrix} \qquad \cdots\cdots(2 \cdot 43)$$

一方，任意に1人を選び出したとき男性であるという事象を$B_1$，女性であるという事象を$B_2$とすると同じように完全事象系$\boldsymbol{B}$としてつぎのように表現できるという．

$$\boldsymbol{B} = \begin{bmatrix} B_1 & B_2 \\ 0.5 & 0.5 \end{bmatrix} \qquad \cdots\cdots(2 \cdot 44)$$

さらに，選び出された1人が日本人であると知ったとき，その人が

男性である条件付き確率が

$$p(B_1 \mid A_1) = 0.8 \qquad \cdots\cdots(2 \cdot 45)$$

で与えられている．

以上のことから，漠然と日本人の出席者には男性が多く女性が少ないことや外国人には逆に女性が多いことなどがわかるであろう．式(2·45)よりただちに

$$p(B_2 \mid A_1) = 0.2 \qquad \cdots\cdots(2 \cdot 46)$$

を得る．逆に選ばれた1人が外国人であると知ったとき，その人が男性あるいは女性であるという条件付き確率も式(2·10)を利用すれば簡単に求められて，それぞれ

$$p(B_1 \mid A_2) = 0.2 \qquad \cdots\cdots(2 \cdot 47)$$

$$p(B_2 \mid A_2) = 0.8 \qquad \cdots\cdots(2 \cdot 48)$$

となる．

さて，以上4つの条件付き確率を少し考えてみれば，選ばれた1人が日本人であるか外国人であるかということを知っただけでも，その人の性別に関してかなりの見当をつけられることがわかる．これは2つの完全事象系 $\boldsymbol{A}$ と $\boldsymbol{B}$ が互いに無関係ではなく，かかわりをもっていることにほかならない．このかかわりをエントロピー論的に調べてみよう．

いま，2つの事象系 $\boldsymbol{A}$，$\boldsymbol{B}$ に属する事象のすべての組を考えると

$$(A_1, B_1) \ (A_1, B_2) \ (A_2, B_1) \ (A_2, B_2)$$

の4組あることがわかる．事象の組 $(A_i, B_j)$ $(i, j = 1, 2)$ は，2つの事象 $A$，$B$ とは別の新しい1つの事象と考えることができるので，**結合事象**と呼ばれる．結合事象は2つの事象の積事象であるから，もちろん，$(A_i, B_j) = A_i \cap B_j$ である．

結合事象が互いに素であることに注意し，$p(A_i \cap B_j) = p_{ij}$ とおくと，1つの完全事象系がつぎのように定義できる．

$$\boldsymbol{A} \otimes \boldsymbol{B} = \begin{bmatrix} (A_1, B_1) & (A_1, B_2) & (A_2, B_1) & (A_2, B_2) \\ p_{11} & p_{12} & p_{21} & p_{22} \end{bmatrix} \quad \cdots\cdots(2 \cdot 49)$$

$\boldsymbol{A} \otimes \boldsymbol{B}$という表現は，新しい完全事象系が2つの完全事象系の$\otimes$という**結合演算**によってできたことを示しており，$\boldsymbol{A} \otimes \boldsymbol{B}$を**結合事象系**とよぶ．$\otimes$の演算を**直積**という．

さて，国際会議出席者の中から選ばれた1人が男性であるか女性であるかの情報が欲しいとしよう．その情報が直接手に入り，「男性である」ということがわかったとき得る情報量は式(2·44)を用いて

$$i(B_1) = -\log_2 0.5 = 1\ \text{ビット}$$

と計算される．

一方，いま欲しい情報，つまり$B_1$か$B_2$かが判明する以前に，たとえば「日本人である」ということが明らかになっている状況を考えてみる．このような状況のもとで，「男性である」($B_1$) という情報が手に入ったとき得られる情報量を$i(B_1 | A_1)$と書くことにすると，条件付き確率$p(B_1 | A_1)$が式(2·45)で与えられているから

$$i(B_1 | A_1) = -\log_2 0.8 = 0.32\ \text{ビット}$$

のように計算される（**条件付き情報量**）．

この値が$i(B_1)$より小さいのは，$A_1$であるという間接的な情報をすでに得ているためである．それでは$A_1$という間接情報は，最終的に得られた$B_1$という情報に関してどの程度の寄与をしたのだろうか？　間接情報が得られた場合も得られない場合も，最終的に$B_1$という情報を受けとった時点では全体として同じ情報量$i(B_1)$を得たと考えるのが妥当であるから，**$\boldsymbol{B_1}$に関して$\boldsymbol{A_1}$が与えた**情報量を$i(B_1;A_1)$と書くことにすれば，この情報量は

$$i(B_1;A_1) = i(B_1) - i(B_1 | A_1) = 0.68\ \text{ビット} \cdots\cdots(2 \cdot 50)$$

のように全体の情報量と条件付き情報量の差として与えられる．$i(B_1;A_1)$を**相互情報量**という．相互情報量はこのように2つの事象

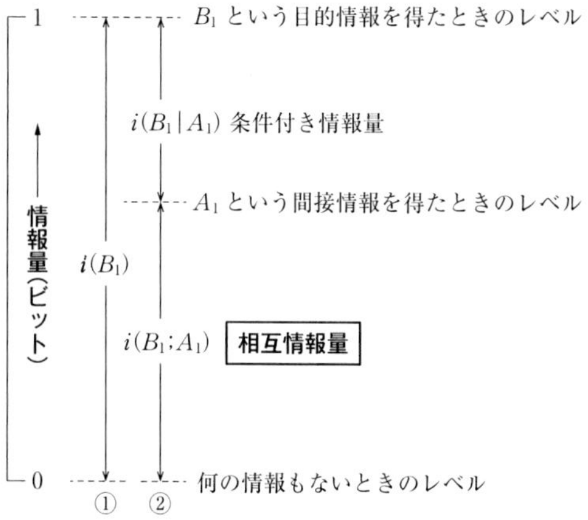


① 目的情報が直接得られた場合
② まず間接情報が得られ，その後で目的情報が得られた場合

**図 2・11** 相互情報量の図解

のかかわりを定量的に表現したものといえる（図 2･11）．式(2･1)を用いて式(2･50)を書き直すと

$$i(B_1;A_1) = -\log_2 \frac{p(A_1)p(B_1)}{p(A_1 \cap B_1)} \qquad \cdots\cdots(2 \cdot 51)$$

となり，$A_1$ と $B_1$ を入れ替えてもまったく同じ式となる．このことから一般的に，任意の 2 つの事象 $A$，$B$ について

$$i(B;A) = i(A;B) \qquad \cdots\cdots(2 \cdot 52)$$

が成立することがわかる．式(2･51)で仮に 2 つの事象 $A_1$ と $B_1$ がまったくかかわりがない，つまり互いに独立であるとすれば式(2･11)より真数が 1 となるので，**相互情報量は 0 になる**ことに注意したい．

さて，2 つの事象の個別的なかかわりを相互情報量としてながめたが，これをさらに 2 つの事象系の間の問題として大づかみすることを考えてみよう．

事象系 $\boldsymbol{A}$, $\boldsymbol{B}$ に関する平均情報量はそれぞれ，エントロピー $H(\boldsymbol{A})$, $H(\boldsymbol{B})$ として計算される．すなわち，式(2·43)および式(2·44)より $p(A_1), p(A_2)$, $p(B_1)$, $p(B_2)$ はすべて 0.5 であるから

$$\left.\begin{aligned} H(\boldsymbol{A}) &= 1\,\text{ビット} \\ H(\boldsymbol{B}) &= 1\,\text{ビット} \end{aligned}\right\} \qquad \cdots\cdots(2\cdot 53)$$

と計算される．

つぎに，2つの事象系 $\boldsymbol{A}$, $\boldsymbol{B}$ が全体としてもっている平均情報量は，式(2·49)で定義された結合事象系 $\boldsymbol{A} \otimes \boldsymbol{B}$ のエントロピー $H(\boldsymbol{A}, \boldsymbol{B})$ としてつぎのように与えることができる．

$$\begin{aligned} H(\boldsymbol{A}, \boldsymbol{B}) &= -p_{11}\log_2 p_{11} - p_{12}\log_2 p_{12} - p_{21}\log_2 p_{21} - p_{22}\log_2 p_{22} \\ &= -\sum_{i,j} p_{ij}\log_2 p_{ij} \qquad \cdots\cdots(2\cdot 54) \end{aligned}$$

$H(\boldsymbol{A}, \boldsymbol{B})$ は**結合エントロピー**と呼ばれる．式(2·2)より

$$p_{ij} = p(A_i)p(B_j \mid A_i) \qquad \cdots\cdots(2\cdot 55)$$

となることに注意して，式(2·54)を変形すると次のようになる．

$$\begin{aligned} H(\boldsymbol{A}, \boldsymbol{B}) &= -\sum_{i,j} p(A_i)p(B_j \mid A_i)\log_2 p(A_i)p(B_j \mid A_i) \\ &= -\sum_{i=1}^{2}\left\{\sum_{j=1}^{2} p(B_j \mid A_i)\right\}p(A_i)\log_2 p(A_i) \\ &\quad - \sum_{i=1}^{2} p(A_i)\sum_{j=1}^{2} p(B_j \mid A_i)\log_2 p(B_j \mid A_i) \end{aligned}$$

第1項は，$\sum_{j=1}^{2} p(B_j \mid A_i) = 1$ となるので $H(\boldsymbol{A})$ と一致する．第2項は，さきに計算した条件付き情報量を2つの事象系について平均したものとなっている．そこで，これは**条件付きエントロピー**と呼ばれ，$H(\boldsymbol{B} \mid \boldsymbol{A})$ で示される．この結果，結合エントロピーについて

$$H(\boldsymbol{A}, \boldsymbol{B}) = H(\boldsymbol{A}) + H(\boldsymbol{B} \mid \boldsymbol{A}) \qquad \cdots\cdots(2\cdot 56)$$

という関係が成り立つことになる．式(2·55)の代わりに

$$p_{ij} = p(B_i)p(A_j \mid B_i)$$

を用いてもまったく同様な変形ができるため

$$H(\boldsymbol{A},\boldsymbol{B}) = H(\boldsymbol{B}) + H(\boldsymbol{A}\,|\,\boldsymbol{B}) \qquad \cdots\cdots(2\cdot57)$$

という関係も成り立つことになる.

さて，式(2·56)の $H(\boldsymbol{A})$ はさきに計算したとおり1ビットであるが，ここで，条件付きエントロピー $H(\boldsymbol{B}\,|\,\boldsymbol{A})$ は，式(2·45)～(2·48)に示されている条件付き確率を用いれば，つぎのように計算できる.

$$\begin{aligned} H(\boldsymbol{B}\,|\,\boldsymbol{A}) &= -2\times0.5\times(0.8\log_2 0.8 + 0.2\log_2 0.2) \\ &= 0.72\ \text{ビット} \end{aligned}$$

よって，式(2·56)より結合エントロピーは

$$H(\boldsymbol{A},\boldsymbol{B}) = 1 + 0.72 = 1.72\ \text{ビット} \qquad \cdots\cdots(2\cdot58)$$

と計算される.

単純に考えると，2つの事象系 $\boldsymbol{A}$, $\boldsymbol{B}$ が全体としてもっている平均情報量は，式(2·53)の $H(\boldsymbol{A})$ と $H(\boldsymbol{B})$ の和で2ビットのように思えるが，実際は式(2·58)のように1.72ビットとなる．これは，$\boldsymbol{A}$, $\boldsymbol{B}$ が互いに独立ではないため，一方に関する情報が，他方に関する情報をいくらか含む形になっているためである．そこで，式(2·51)および式(2·54)を参考にして，相互情報量をすべての事象の組について平均してみると

$$\begin{aligned} &-\sum_{i,j} p_{ij}\log_2\frac{p(A_i)\,p(B_j)}{p_{ij}} \qquad \cdots\cdots(2\cdot59) \\ &= -\sum_i\left\{\sum_j p(B_j\,|\,A_i)\right\}p(A_i)\log_2 p(A_i) \\ &\quad -\sum_j\left\{\sum_i p(A_i\,|\,B_j)\right\}p(B_j)\log_2 p(B_j) \\ &\quad -\left(-\sum_{i,j} p_{ij}\log_2 p_{ij}\right) \\ &= H(\boldsymbol{A}) + H(\boldsymbol{B}) - H(\boldsymbol{A},\boldsymbol{B}) \end{aligned}$$

という結果を得る．そこで，この平均値を**平均相互情報量**とよぶこと

にし，$I(\boldsymbol{B};\boldsymbol{A})$ とおくと

$$I(\boldsymbol{B};\boldsymbol{A}) = H(\boldsymbol{A}) + H(\boldsymbol{B}) - H(\boldsymbol{A},\boldsymbol{B}) \qquad \cdots\cdots(2\cdot 60)$$

の関係が得られる．ここで，明らかに

$$I(\boldsymbol{B};\boldsymbol{A}) = I(\boldsymbol{A};\boldsymbol{B}) \qquad \cdots\cdots(2\cdot 61)$$

である．

式(2·53)および式(2·58)の値をそれぞれ式(2·60)に代入すると

$$I(\boldsymbol{B};\boldsymbol{A}) = 2 - 1.72 = 0.28 \text{ ビット}$$

となる．この数値の意味するところは日本人であるか外国人であるかという国籍に関する情報の中に，男性か女性かという性別に関する情報が平均として 0.28 ビット含まれているというものである（式(2·61)よりその逆もいえる）．

以上より，本項の冒頭で具体例としてあげた 2 つの完全事象系の“かかわり”方が，平均相互情報量として大づかみできることがわかった．ここでもし，2 つの事象系が全然かかわりをもたないとき，つまり互いに独立であるときには，一方に関する情報は他方に関して何の知識も提供し得ないから平均相互情報量は 0 にならなければならない．これは，式(2·59)に，2 事象 $A_i$，$B_j$ が互いに独立である条件

$$p_{ij} = p(A_i \cap B_j) = p(A_i)p(B_j)$$

を代入することにより確認できる．

さらに，式(2·60)に，式(2·56)および(2·57)を代入して

$$I(\boldsymbol{A};\boldsymbol{B}) = H(\boldsymbol{A}) - H(\boldsymbol{A}|\boldsymbol{B}) \qquad \cdots\cdots(2\cdot 62)$$

$$I(\boldsymbol{A};\boldsymbol{B}) = H(\boldsymbol{B}) - H(\boldsymbol{B}|\boldsymbol{A}) \qquad \cdots\cdots(2\cdot 63)$$

を得る．さらに，平均相互情報量の性質として，つねに

$$I(\boldsymbol{A};\boldsymbol{B}) \geqq 0 \qquad \cdots\cdots(2\cdot 64)^{※}$$

となることが知られている[10)] この性質は 1 つの事象系 $\boldsymbol{A}$ に関する情

※ 等号は $\boldsymbol{A}$，$\boldsymbol{B}$ が互いに独立であるときのみ．

報を手に入れれば事象系 $\boldsymbol{B}$ に関する知識が平均して増加することはあっても，減少することはないということを意味している．

### 2･4･5 いろいろなエントロピー

ここでは，前項において国際会議の出席者の国籍と性別に関する2つの完全事象系を例にとって長々と考えてきた事柄が，一般の2つの完全事象系

$$\boldsymbol{A} = \begin{bmatrix} A_1 & A_2 & \cdots\cdots & A_n \\ p(A_1) & p(A_2) & \cdots\cdots & p(A_n) \end{bmatrix}$$

$$\boldsymbol{B} = \begin{bmatrix} B_1 & B_2 & \cdots\cdots & B_m \\ p(B_1) & p(B_2) & \cdots\cdots & p(B_m) \end{bmatrix}$$

に対してもまったく同様に成り立つことを確かめてみよう．

まず，2つの事象系の**結合事象系** $\boldsymbol{A} \otimes \boldsymbol{B}$ は，一般につぎのように与えられる（$\otimes$ は**直積**である）．

$$\boldsymbol{A}\otimes\boldsymbol{B} = \begin{bmatrix} (A_1, B_1) \cdots (A_1, B_m) & (A_2, B_1) \cdots (A_2, B_m) & \cdots & (A_n, B_1) \cdots (A_n, B_m) \\ p_{11} \quad \cdots \quad p_{1m} & p_{21} \quad \cdots \quad p_{2m} & \cdots & p_{n1} \quad \cdots \quad p_{nm} \end{bmatrix}$$

ただし，$p_{ij} = p(A_i \cap B_j)$ $(i = 1, \cdots, n$，また，$j = 1, \cdots, m$ である$)$

式(2･34)より**結合エントロピー**は

公式 $$H(\boldsymbol{A}, \boldsymbol{B}) = -\sum_{i=1}^{n}\sum_{j=1}^{m} p_{ij} \log_2 p_{ij} \qquad \cdots\cdots(2\cdot65)$$

であり，**条件付きエントロピー**は

公式 $$H(\boldsymbol{B} \mid \boldsymbol{A}) = -\sum_{i=1}^{n} p(A_i) \sum_{j=1}^{m} p(B_j \mid A_i) \log_2 p(B_j \mid A_i) \qquad \cdots\cdots(2\cdot66)$$

と与えることができる．

結合エントロピーと条件付きエントロピーに関して，式(2･56)および式(2･57)と同様につぎのような関係が成立する．

公式 $$H(\boldsymbol{A},\boldsymbol{B}) = H(\boldsymbol{A}) + H(\boldsymbol{B}\,|\,\boldsymbol{A}) \qquad \cdots\cdots(2\cdot 67)$$

公式 $$= H(\boldsymbol{B}) + H(\boldsymbol{A}\,|\,\boldsymbol{B}) \qquad \cdots\cdots(2\cdot 68)$$

ただし，$H(\boldsymbol{A})$ および $H(\boldsymbol{B})$ は，それぞれ事象系 $\boldsymbol{A}$ と $\boldsymbol{B}$ のエントロピーである．

さらに，2つの事象系 $\boldsymbol{A}$ と $\boldsymbol{B}$ の“かかわり”を定量化した**平均相互情報量** $I(\boldsymbol{B};\boldsymbol{A})$ についても式(2·59)にしたがって

公式 $$I(\boldsymbol{B};\boldsymbol{A}) = -\sum_{i,j} p_{ij}\log_2 \frac{p(A_i)\,p(B_j)}{p_{ij}} \qquad \cdots\cdots(2\cdot 69)$$

$$= -\sum_{i=1}^{n}\left\{\sum_{j=1}^{m} p(B_j\,|\,A_i)\right\} p(A_i)\log_2 p(A_i)$$

$$-\sum_{j=1}^{m}\left\{\sum_{i=1}^{n} p(A_i\,|\,B_j)\right\} p(B_j)\log_2 p(B_j)$$

$$-\left(-\sum_{i=1}^{n}\sum_{j=1}^{m} p_{ij}\log_2 p_{ij}\right)$$

公式 $$= H(\boldsymbol{A}) + H(\boldsymbol{B}) - H(\boldsymbol{A},\boldsymbol{B}) \qquad \cdots\cdots(2\cdot 70)$$

という結果が得られる．

平均相互情報量に関しては，さらに，式(2·61)〜(2·64)と同様につぎのような関係が成立することも一般的に確かめることができる．

公式 $$I(\boldsymbol{B};\boldsymbol{A}) = I(\boldsymbol{A};\boldsymbol{B}) \qquad \cdots\cdots(2\cdot 71)$$

公式 $$I(\boldsymbol{A};\boldsymbol{B}) = H(\boldsymbol{A}) - H(\boldsymbol{A}\,|\,\boldsymbol{B}) \qquad \cdots\cdots(2\cdot 72)$$

公式 $$= H(\boldsymbol{B}) - H(\boldsymbol{B}\,|\,\boldsymbol{A}) \qquad \cdots\cdots(2\cdot 73)$$

公式 $$I(\boldsymbol{A};\boldsymbol{B}) \geqq 0 \qquad \cdots\cdots(2\cdot 74)^{※}$$

いくつもの種類のエントロピーが定義され多少混乱するかもしれない．図2·12は，いままでに出てきた各種のエントロピーの関係を整理するのに便利である．

※ 等号は2つの完全事象系が互いに独立な場合に成立する．

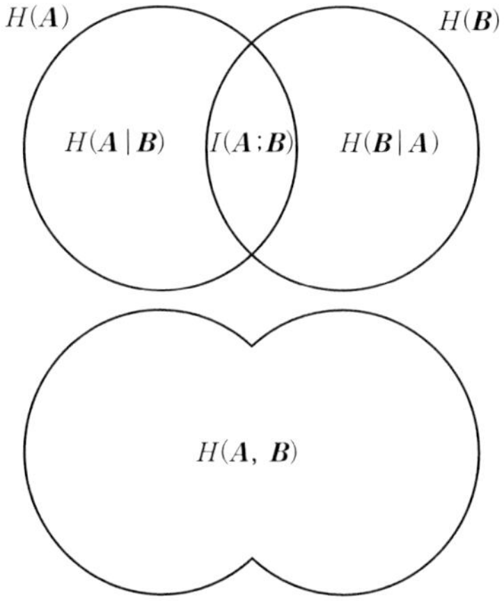


$H(\boldsymbol{A})$ = 事象系 $\boldsymbol{A}$ のエントロピー
$H(\boldsymbol{B})$ = 事象系 $\boldsymbol{B}$ のエントロピー
$H(\boldsymbol{B}|\boldsymbol{A})$ = $\boldsymbol{A}$ を知った場合の $\boldsymbol{B}$ についての条件付きエントロピー
$H(\boldsymbol{A}|\boldsymbol{B})$ = $\boldsymbol{B}$ を知った場合の $\boldsymbol{A}$ についての条件付きエントロピー
$I(\boldsymbol{A}\,;\boldsymbol{B})$ = $\boldsymbol{A}$ と $\boldsymbol{B}$ の平均相互情報量
$H(\boldsymbol{A}, \boldsymbol{B})$ = $\boldsymbol{A}$ と $\boldsymbol{B}$ の結合エントロピー
($\boldsymbol{A}\otimes\boldsymbol{B}$ のエントロピー)

**図 2・12** いろいろなエントロピーの関係図

**例題 2・6**

2つの完全事象系 $\boldsymbol{A}$ と $\boldsymbol{B}$ の平均相互情報量 $I(\boldsymbol{A};\boldsymbol{B})$ は，$\boldsymbol{A} = \boldsymbol{B}$ の場合どうなるか．

**解** 形式的に $I(\boldsymbol{A};\boldsymbol{A})$ を求めることになるが，たとえば式(2・72)より

$$I(\boldsymbol{A};\boldsymbol{A}) = H(\boldsymbol{A}) - H(\boldsymbol{A}\,|\,\boldsymbol{A})$$

と書ける．条件付き確率に関して

$$p(A_i\,|\,A_j) = \begin{cases} 1 & (i = j) \\ 0 & (i \neq j) \end{cases}$$

であるから，式(2·66)より条件付きエントロピー$H(\boldsymbol{A}\,|\,\boldsymbol{A})=0$となる．したがって

$$I(\boldsymbol{A};\boldsymbol{A})=H(\boldsymbol{A})$$

となり，$\boldsymbol{A}$のエントロピーに一致する．また結合エントロピー$H(\boldsymbol{A};\boldsymbol{A})$も$H(\boldsymbol{A})$に一致する．

終り

# 3 情報の発生と伝達

いろいろな情報が発生し伝達される．本章では，情報の発生を記号の発生とみなし，その確率モデルを考える．また情報の伝達のしくみを“通信路”としてモデル化することを考える．

## 3・1　情報の種類

一言で情報といっても，音声や映像をはじめ，さまざまな形態がある．そこで，つぎのように情報を形態にもとづいて4つのタイプに分類してみよう．ほとんどの情報は，このうちのどれかに入るであろう．

1）文字情報：文字で表される情報（新聞やメールなど）
2）音響情報：音で表される情報（人や動物の声，警笛など）
3）計量情報：計測した量で表される情報（気温や地震などの計測波形）
4）画像情報：画像で表される情報（静止画像や動画など）

みかけ上の形態は違っているが，これら4つのタイプの情報を“伝達”という視点で見ると案外共通したところが多い．たとえば，図3·1(a)にある英字新聞の記事は，事件の発生を文字で記述したものであるが，記者が事件を頭の中でまとめアルファベットを使って英文で記述したものである．読者は，記者が書いた順序でアルファベットを読みとって情報を得る．ここで，記者が書き，読者が読むという情報伝達の中で重要な役割をはたしているのは，一定の規則にしたがって並

Estonia general election: Reform party beats Centre rivals

The centre-right Reform party has won Estonia's general election, beating the ruling Centre party.

Reform, led by former MEP Kaja Kallas, took about 29% of the vote to 23% for Centre in Sunday's ballot. Meanwhile the far-right Conservative People's Party of Estonia (EKRE), which has called for a referendum on EU membership, came a close third.

Ms Kallas - set to be Estonia's first female prime minister - said all coalition options were on the table. Speaking to public broadcaster ETV however she insisted EKRE were "not a choice for us". Nearly a quarter of Estonia's 881,000 eligible voters cast their ballots by e-voting. Results from e-voting gave Reform an even higher score.

(a) 英文記事(部分)(BBC, 2019.3.4)

(b) 画像

(c) 稼働中の機械が発生する振動の波形

**図 3・1** 形態の異なる情報の例

べられているアルファベットという“記号”の系列である．

音響情報として，人間がしゃべる音声を英語の例でいえば，アルファベットの１つひとつを音におき換えたものと考えればやはり記号の系列にほかならない．

図 3·1(c)に示されるような計量情報については，つぎのように考えてみよう．

計測波形が時間とともに変動する量を示すものとして，時間関数 $f(t)$ として表すことにする．いま，時間軸上に観測時刻を等間隔 ($\Delta$) に図 3·2(a)のようにとり，各時刻における関数の値 $f(t_i)$ ($i = 0, 1, 2, \cdots, n$) を観測値とする．このような操作を標本化とよぶ．なお，$\Delta$ を標本間隔という（図 3·2(a)）．

さて，観測値 $f(t_i)$ が変化する範囲（図 3·2(a)の縦軸）を小さな区

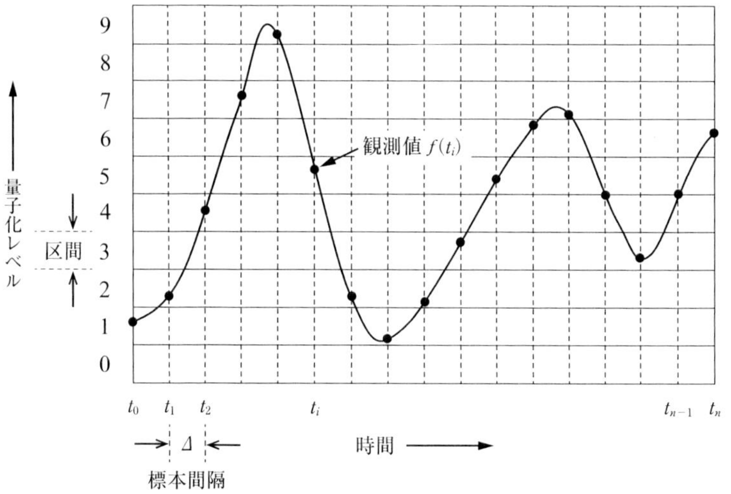


(a) 波形関数の標本化と量子化

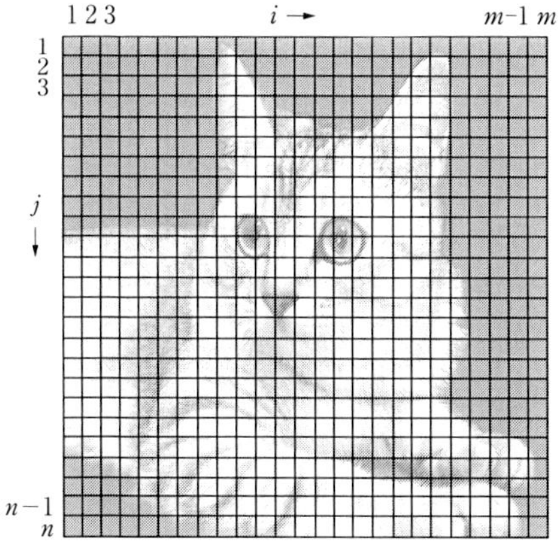


(b) 画像の標本化と量子化

**図 3・2**　標本化と量子化

間に区切り，各区間に整数値を割りあてる．いま，時刻 $t_i$ における観測値 $f(t_i)$ が $k$ 番目の区間にあるならば，観測値そのものではなく，整数 $k$ を伝達する．このような操作を量子化とよぶ．図 3･2(a) の例では，観測値の系列 $f(t_0)$，$f(t_1)$，$f(t_2)$, …を整数の系列

1　2　4　7　5…

におき換えて伝達するわけである．

もし，標本間隔と量子化の区間をそれぞれ十分に小さくすれば，上のようにつくられる整数の系列は，アナログ情報である時間関数 $f(t)$ をいくらでも精度よく近似できる．つまり，アナログ情報も，整数の系列すなわち記号の系列で問題なく表現できることを意味している．一般にデジタル化とよばれている技術は，こうした標本化と量子化という操作にもとづいて実現されている．

図 3･1(b) に示される画像情報は 2 次元の情報であるから，これまで述べてきた記号の系列として取り扱うのは難しいと感じられるかもしれない．しかし，結論からいえば，画像情報もやはり記号の系列として表現できるのである．たとえば，図 3･2(b) に示されるような 2 次元の方形平面をごく小さな正方形（通常，“ピクセル”あるいは“画素”とよばれる）に分割し，各ピクセルに輝度値を与えることによって 1 つの画像を定義することができる．輝度値は，カラー画像では 3 原色それぞれの強さを表す 3 つの量の組，白黒画像では白から黒までのグレーレベルを表す 1 つの量である．

いま，図 3･2(b) に示すように，平面の横方向にピクセルの列番号 $i$（$i = 1, \cdots, m$）をつける．同じく，縦方向に行番号 $j$（$j = 1, \cdots, n$）をつける．この場合，ピクセルの総数は，$m \times n$ 個である．ピクセルの総数はいくらでも大きくできるから，必要な場合，どんな高精度の画像でも実現できる．たとえば，$m \times n$ を $10^7$ レベルの大きさに設定したカメラでは，“数千万画素”の解像度をもつことになる．

いま，簡単のため白黒画像を考えると，平面上の1つのピクセル（$i$列，$j$行）の輝度値を，関数$Q(i,j)$として表すことができる．通常，輝度値はアナログ値ではなく，量子化された整数，たとえば，$0 \leqq Q(i,j) \leqq 255$をみたす整数とされる．

さて，このように与えられる画像情報を伝達するのは簡単であって，画像を形成している全ピクセルの輝度値を決められた順序にしたがって伝達すればよいだけである．たとえば，図3・2(b)で最上位の行（$j=1$）からスタートするとして，左端のピクセルの輝度値$Q(1,1)$から右端$Q(m,1)$まで$m$個の輝度値を順次伝達する．つぎは，2番目の行（$j=2$）に対しても同様に$Q(1,2)$から$Q(m,2)$まで$m$個の輝度値を伝達する．以下同様の操作を，最下位の行（$j=n$）にいたるまで順次くり返すと，$m \times n$個の輝度値の全体が系列

$$Q(1,1), Q(2,1), \cdots, Q(m-1,n), Q(m,n)$$

として伝達される．この系列は明らかに整数の系列であるから，記号の系列にほかならない．これを受理した側は，伝達時と同じ順序で平面上のピクセルに輝度値を与えていくことによって画像情報が復元できる．

2章の冒頭で説明した“情報とは記号である”という考え方を，ここでは4つのタイプの情報をとりあげて具体的に確かめた．つぎの段階では，情報を形づくる記号の系列ができあがるしくみを確率モデルとして表す方法について考える．

## 3・2 情 報 源

### 3・2・1 情報源のモデル化

われわれが情報とよんでいるものの実体が記号の系列であるとみなしたとき，記号の系列ができ上がっていくしくみを1つのモデルとし

て定式化することは，情報理論の中で重要な問題である．前節では，みかけ上の形態が異なるいろいろな情報について考えた．たとえば，図3·1(a)に示すような英字新聞の記者は頭の中で内容をよく整理して記事を書くが，この行為をアルファベットという記号の系列の発生にほかならないとした．主としてaからzまでの“記号”を並べて記号系列（この場合は英語の文章）を作っていく記者の頭の中では，文法や，英語の単語の用法あるいはイディオムなどが書きたい“内容”をめぐってめまぐるしく交錯しているであろう(図3·3)．しかし，一歩離れて記者の行為を外から観察すると，記者は1つずつ，つぎからつぎへと記号を発生する**記号の発生源**にすぎないともいえる．よく似た見方は他の種類の情報にもあてはまるだろう．

**図3・3**　新聞記者は記号系列の発生源

ここで，一歩進んでこのような記号系列ができ上がっていく過程を確率モデルで表現することを考えてみよう．いちばん簡単なモデルは，もちろん，2·2節で述べた**完全事象系**である．すなわち，用いられる記号が $n$ 種類 $E_1, \cdots, E_n$ あるとすると

$$E = \begin{bmatrix} E_1 & E_2 \cdots & E_n \\ p_1 & p_2 \cdots & p_n \end{bmatrix} \qquad \cdots\cdots(3 \cdot 1)$$

という完全事象系として記号系列の成り立ちをモデル化するものである．ここで，$\boldsymbol{E}$ を**情報源**という．

さきほど，新聞記者を記号の発生源にすぎないと述べた例においては，記者の用いる文字をアルファベットを含めて $n$ 種類と仮定してみると，上の情報源 $\boldsymbol{E}$ は，少し荒っぽいが彼を表すモデルになり得るのである．簡単のため，用いる文字は a から z までの 26 個に限られるとしておこう．すなわち

$$E_1 = \mathrm{a}, \quad E_2 = \mathrm{b}, \ \cdots, \ E_{26} = \mathrm{z}$$

と解釈する．各記号の確率は実際の英文を多数集めて，a から z までの各文字が出現する相対度数を計算して統計的に決定することにする．

さて，このようにして定義された情報源 $\boldsymbol{E}$ は，1 つずつ，つぎからつぎへとアルファベットを発生して記号系列を形成していく．一般に，この情報源から生ずる記号系列は，実際の英文とはみかけ上似ても似つかないデタラメなものになることが予想されるだろう．しかし，この記号系列は各記号の出現する相対度数という観点でみる限り，記者の書く英文と完全に同一であることが期待できるのである．つまり，立派な“英文”としての資格を備えているといってもよいであろう．

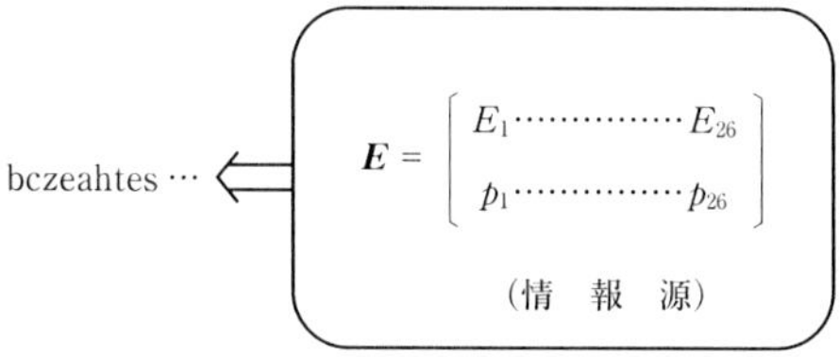


図 3・4 完全事象系タイプの情報源

ほかの種類の情報，たとえば音響情報や計測情報についても，適当な完全事象系を情報源としてみることで同じような結果が期待できる．すなわち，ここでいう記号系列の発生のモデル化とは，もとの記号系列のもつ統計的な性質をなるべく忠実に再現できるような情報源を定義しようということであり，英文という記号系列がもっている“意味”などの非確率的要素にはまったく関心がないのである．2 章において情報量を定義するとき，事象の確率のみに注目した考え方がここにも関連しているといえる．

さきほど，式(3·1)のタイプの情報源※によって“英文”を発生させると，みかけ上デタラタなものが出現するであろうと予想した．各記号が出現する相対度数という観点でみれば立派な“英文”なのであるが，どうも不自然であるという感はまぬがれないであろう．この原因は完全事象系タイプの情報源が，英文という記号系列のもついろいろな統計的な性質のうち，とくに“記号間の拘束”に関する性質を反映していないためである．

ここで，たとえば毎日の平均気温を記号と考えれば，長い記号系列が得られる．今日の気温が35度で暑かったとすると，明日の気温が急激に下がって0度になるというようなことはまず起こらない．今日暑ければ，平均としてやはり明日も暑いのが普通である．つまり，昨日，今日，明日という隣り合う日々の気温は互いに関係があり，それぞれ無関係に決まるものと考えることはできない．35度という“記号”が平均して，年20回出現するとすると，必ずそれらは夏という特定の時期に集中するのであって，冬には出現しないものである．記号系列についてのこのような性質は，単に相対度数という点からではとらえようがない．このような性質を**記号間の拘束**という．

相対度数だけに注目した式(3·1)の情報源から発生する“英文”がみかけ上デタラメなのは，記号間の拘束に関する統計的な性質を全然考慮していないためなのである（“英文”における記号間の拘束の実際については3·2·3項で述べる）．音響情報など，他の種類の情報についても，まったく同じような事情があることはいうまでもない．

### 3·2·2 拘束のある記号系列

記号間の拘束を考慮した情報源モデルをどのようにつくるかを考える．まず，説明用の例題として，3つの記号（○，◎，●）からなる

※ 完全事象系タイプ

下のような記号系列を考える．紙面の都合で23個の記号しか表示されていないが，同じ確率的性質をもつ記号列がさらに右方へと続いていくものと考えておく．これを**例題系列**とよぶことにする．

《例題系列》

○○◎●○◎●●●○◎●○○◎◎◎●○◎●●○……

上の例題系列から一見して読みとれる特徴として，少なくともつぎの2点がある．

（1） 3つの記号が，ほぼ等しい度数で出現している．

（2） ○●，◎○，および●◎という2記号の“連接”が出現しない（禁止の連接）．

上記 (1) が十分に長い記号列で成立するなら，3つの記号の出現確率は1/3とみなせるだろう．(2) は，記号間の拘束の存在を示している．具体的には，2記号の連接にかかわる拘束である．いま，例題系列における2記号連接を左端から順次見ていくと，つぎのように連接が遷移していくことがわかる．

○○ → ○◎ → ◎● → ●○ → ○◎ → ……

たとえば，遷移 ○○ → ○◎ は，記号◎が出現することによって起こる遷移であるが，逆に，連接が遷移することによって記号◎が出現すると考えることもできる．連接の遷移という視点は，拘束のある記号系列を発生する情報源モデルのヒントになる．

すなわち，一般システムの設計や機能分析などに用いられる“状態遷移”の考え方を援用するモデルであって，記号の連接を“状態”に対応させて記号系列発生のしくみを表現しようというわけである．上の例題系列は3つの記号 (○, ◎, ●) の系列であるから，2記号連接の総数 (順列の総数) は $3^2 = 9$ 組あるが，上の (2) から，出現しない連接が3組あるので，考えなければならない連接はつぎの6組である．

○○，○◎，◎◎，◎●，●●，●○

$S_1(\bigcirc\bigcirc)$　$S_2(\bigcirc\bigcirc)$　$S_3(\bigcirc\bigcirc)$
$S_4(\bigcirc\bullet)$　$S_5(\bullet\bullet)$　$S_6(\bullet\bigcirc)$
(　)内は対応する記号連接を表す

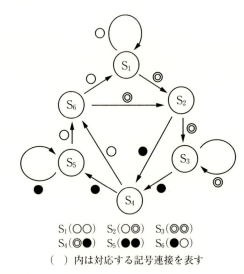

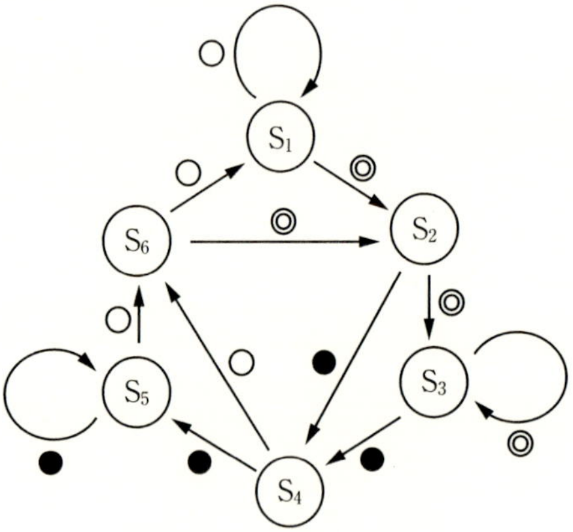

図3・5　2記号連接を考慮した情報源モデル(シャノン線図)

これらの連接を，それぞれ状態 $S_1$, $S_2$, $S_3$, $S_4$, $S_5$, および $S_6$ とみなして，図3・5のような遷移図を描くことができる．このような図を**シャノン線図**とよぶ．矢印は1つの状態からつぎの状態への確率的な遷移を表しているが，その際発生する記号を付記している．たとえば，状態 $S_1$ から $S_2$ へ遷移したときに，記号◎を発生する．なお，図3・5のシャノン線図では，1つの状態から出る矢印はすべて等しく2本であるが，一般には，個々の状態によって矢印の数は異なる．

いま，図3・5において具体的に状態 $S_1$ をとり上げてみよう．$S_1$ から出る矢印は，$S_1$ から $S_2$ へ向かうものと，$S_1$ から $S_1$ へもどるものとの2本がある．それぞれに対応する遷移確率の和は1であって，いずれかの矢印にしたがって必ず遷移する．

一般に，シャノン線図の矢印に対応する遷移確率をすべて確定させると，1つの情報源モデルとしての動作も確定する．すなわち，任意の状態を起点として遷移をスタートさせると，記号をつぎつぎと発生して記号系列を生成していく．遷移確率の確定は，モデル化の対象となる具体的な記号系列から，連接遷移の度数を集計して統計的に導くことになるが，統計が意味をもつためには，データとして十分に長い記号系列が必要となる．

仮に，こうした前提が満たされている場合，具体例として，図3·5のシャノン線図における $S_1$ から $S_1$ および $S_1$ から $S_2$ へのそれぞれの遷移確率 $p_{11}$ および $p_{12}$ は，つぎのように統計的に導ける．

$$p_{11} = n_{11}/N, \quad p_{12} = n_{12}/N \qquad \cdots\cdots(3 \cdot 2)$$

ただし，$n_{11}$ および $n_{12}$ は，それぞれ連接遷移○○→○○および○○→○◎の出現度数である．$N$ は $S_1$（連接○○に対応）から発するすべての連接遷移の度数の和であって，いまの例では，$N = n_{11} + n_{12}$ である．

図3·5のシャノン線図において，12個の矢印の遷移確率を適当に設定してパソコンで状態遷移をシミュレーションし，発生する記号系列を調べてみるのもおもしろい．禁止の連接が現れないことは当然としても，例題系列との類似点や相違点を考えてみることは，情報源モデルの深い理解に役立つであろう．

記号間の拘束がある記号系列を生成する確率的な情報源モデルが，シャノン線図によってどのように表現できるかを考えてきた．われわれが日頃接する情報，たとえば文字情報なども記号系列としてながめると，記号間の拘束が重要な意味をもっている．つぎに，こうした問題を取りあげてみよう．

### 3·2·3 英語の統計的性質

記号系列としての文字情報について，まず記号（文字）の連接の度数など統計的な視点から特性を見ていく．具体的な文字情報として日本語文を選びたいが，文字種が多すぎる．ここでは，簡単のため文字種の少ない英文を例にして解説を行うことにする．

英文という記号系列の成立ちを統計的に考えるため，まず a から z までの各記号がどのような割合で出現するかを知るために各記号の出現する度数を調べる必要がある．

さらに，記号間の拘束がどのようなものであるかを知るため，当然記号の連接について統計的に調べる必要がある．

ここで，英文における**2 記号連接**についてその具体的な調べ方を説明しよう．仮にアルファベット 26 字に限定すれば，連接の種類は 2 つの記号が並ぶ順列の総数となり，$26^2 = 676$ 通りあることになる．これらのうち，よく出現するものもあるだろうし，ほとんど出現しない連接もあるだろう．これは連接度数を調べればはっきりする．2 記号連接度数の調べ方は，たとえば，図 3·6 のように th という連接を例にとると，与えられた英文中で“t”が出現する位置に目印をつけておき，さらにその右に“h”が現れている場合の数を調べればよいのである．

With the greater part of Britain's wool textile industry
concentrated in West Yorkshire, it is not surprising that
the County Council has turned its attention to discover-
ing how local authorities may play a more active role in
……………………………………

この例では，t は 25 回出現し，
そのうち“th”の連接は 5 回ある．

**図 3・6** “th”の連接を調べる例文

3 記号，4 記号の連接度数も同じようにして調べられることがわかるだろう．表 3·1 にニューヨークタイムス紙の英文(10 万字)について調べた度数，2 記号連接度数，3 記号連接度数および 4 記号連接度数の統計を引用している[9)※]．

※　この統計ではスペースは記号として取り扱われていない．

**表 3・1** 英語の度数表[9]（ニューヨーク タイムス 10 万字）

記号の度数

| 順位 | 記号 | 相対度数% |
|---|---|---|
| 1 | e | 12.25 |
| 2 | t | 9.41 |
| 3 | a | 8.19 |
| 4 | o | 7.26 |
| 5 | i | 7.10 |
| 6 | n | 7.05 |
| 7 | r | 6.85 |
| 8 | s | 6.36 |
| 9 | h | 4.57 |
| 10 | d | 3.91 |
| 11 | c | 3.83 |
| 12 | l | 3.77 |
| 13 | m | 3.34 |
| 14 | p | 2.89 |
| 15 | u | 2.58 |
| 16 | f | 2.26 |
| 17 | g | 1.71 |
| 18 | w | 1.59 |
| 19 | y | 1.58 |
| 20 | b | 1.47 |
| 21 | v | 1.09 |
| 22 | k | 0.41 |
| 23 | x | 0.21 |
| 24 | j | 0.14 |
| 25 | q | 0.09 |
| 26 | z | 0.08 |

2 記号連接

| 順位 | 連接 | 度数 |
|---|---|---|
| 1 | th | 2 749 |
| 2 | he | 2 099 |
| 3 | in | 1 637 |
| 4 | er | 1 631 |
| 5 | re | 1 587 |
| 6 | an | 1 463 |
| 7 | at | 1 461 |
| 8 | en | 1 388 |
| 9 | on | 1 385 |
| 10 | nt | 1 271 |

3 記号連接

| 順位 | 連接 | 度数 |
|---|---|---|
| 1 | the | 1 789 |
| 2 | ion | 610 |
| 3 | ent | 583 |
| 4 | and | 561 |
| 5 | ing | 517 |
| 6 | tio | 441 |
| 7 | tha | 422 |
| 8 | ati | 421 |
| 9 | dth | 374 |
| 10 | hat | 345 |

4 記号連接

| 順位 | 連接 | 度数 |
|---|---|---|
| 1 | tion | 438 |
| 2 | that | 294 |
| 3 | atio | 268 |
| 4 | dthe | 267 |
| 5 | ofth | 243 |
| 6 | fthe | 238 |
| 7 | thes | 223 |
| 8 | nthe | 214 |
| 9 | ther | 214 |
| 10 | ment | 200 |

表 3·1 によれば，2 記号連接のうち

th,　he,　er,　……

などがよく出現することがわかる．一方

jb,　qd,　xk,　zl,　……

などの連接はほとんど出現しないということもわかっている．これら

の統計的な性質は記号間の拘束にほかならず，英語を特徴付ける固有の性質といってよい．

実際，図 3·7 のアルファベット（スペースを含んで 26 記号※）からなる記号系列を考えてみよう．

```
LANTUSPKCMNVKCLTHTRTFLTILANAKHMTFHWCLANSKHOLANHNRNHNTLANHMTK
LZIHTPLANTLANHMNKJANZVTWCVTFLLTZNKKCSLANTUSPKCANKHSLANSW KCS
 FZATILANWHTKHZNBNCLATFVAANJTFUSCTLZNNLANPCTRLANPTTCRKZMNUTR
LANAWUUZZTPNLWPNZZTPNTCNRTFUSZ NKOWCKMTKLMFLPTZLTILANMTKLZRN
HNZWUNCLNDJN LITHLANSW TILANTKHZLANYZ HNKSK KHLKILNHLANYRNHN
TFLTILANPTFLATILANAKHMTFHKCSNKJATPNANKSNSITHLAN KHLTILANTJNK
CRANHNANAT NSLTIWCSIWZALANTUSPKCOCNRANRKZVTWCVIKHTFLWCLTLANJ
UNKCNKHUYPTHCWCVZPNUUTILANTJNKCWCLANSKHOLANTUSPKCJTFUSINNULA
NPTHCWCVJTPWCVKCSKZANHTRNSANANKHSLANLHNPMUWCVZTFCSKZIUYWCVIW
ZAUNILLANRKLNHKCSLANAWZZWCVLAKLLANWHZLWIIZNLRWCVZPKSNKZLANYZ
TKHNSKRKYWCLANSKHOCNZZANRKZBNHYITCSTIIUYWCVIWZAKZLANYRNHNAWZ
 HWCJW KUIHWNCSZTCLANTJNKCANRKZZTHHYITHLANMWHSZNZ NJWKUUYLAN
ZPKUUSNUWJKLNSKHOLNHCZLAKLRNHNKURKYZIUYWCVKCSUTTOWCVKCSKUPTZ
LCNBNHIWCSWCVKCSANLATFVALLANMWHSZAKBNKAKHSNHUWINLAKCRNSTNDJN
```

**図 3・7** 簡単な換字表で生成した暗号文（“スペース” も 1 つの文字として扱う）

この記号系列はヘミングウェイ（Ernest Hemingway）の小説『老人と海』の英文の一節（一部改変）を抜き出して，アルファベットをある換字表にしたがって入れ替えたものである．ここで用いた換字表はつぎのように作成する．まず，アルファベット 26 文字（a, b, c, …, z）の順序をランダムに入れ替えた上，さらにどれか 1 文字をスペース（空白文字）と交換して 26 文字の偽アルファベットをつくる．換字表とは，アルファベット 26 文字と偽アルファベット 26 文字をそれぞれ先頭から 1 字ずつ順々に対応させた表である．

図 3·7 に示す記号系列は，実際の英文のアルファベットを換字表にしたがって偽アルファベットに置換して作ったいわば“暗号文”である．なお，もとの原英文は当然スペースを含んでいるが，置換に際してあらかじめスペースを省いている．

---

※　スペースを 1 記号に含める代わりに，アルファベットのうちの 1 記号が脱落している．

いま，換字表が与えられていないという条件下で，暗号文をもとの英文に解読する問題を考えてみよう．一見，難しい問題にみえるけれども，英文という記号系列がもっている記号の出現度数や連接度数などの統計量の不変性に着目すれば，比較的容易に解読することができる．たとえば，暗号文における記号の出現度数や，2 記号あるいは 3 記号連接の度数を調べ，表 3·1 の統計と対比していくと，“隠されている”換字表が少しずつ姿を現してくる．それに応じて，もとの英文も徐々に解読できていく．解読が完了した英文を図 3·8 に示している※．さきに述べたように，英文はスペースが省かれているので読みにくい．たとえば，解読された同図の英文にスペースを入れてみると，

```
theoldmanbegantorowoutoftheharbourinthedarktherewereotherboa
tsfromtheotherbeachesgoingouttoseaandtheoldmanheardthedipand
pushoftheiroarseventhoughhecouldnotseethemnowthemoonwasbelow
thehillssometimessomeonewouldspeakinaboatbutmostoftheboatswe
resilentexceptforthedipoftheoarstheyspreadapartaftertheywere
outofthemouthoftheharbourandeachomeheadedforthepartoftheocea
nweerehehopedtofindfishtheoldmanknewhewasgoingfaroutintothec
leanearlymorningsmelloftheoceaninthedarktheoldmancouldfeelth
emorningcomingandasherowedheheardthetremblingsoundasflyingfi
shleftthewaterandthehissingthattheirstiffsetwingsmadeastheys
oaredawayinthedarknesshewasveryfondofflyingfishastheywerehis
principalfriendsontheoceanhewassorryforthebirdsespeciallythe
smalldelicatedarkternsthatwerealwaysflyingandlookingandalmos
tneverfindingandhethoughtthebirdshaveaharderlifethanwedoexce
```

**図 3・8** 解読された英文（“スペース” が省かれている）

「the old man began to row out of the harbour in the dark.

there were other boats from …」

のように，読みやすくなる．

解読の過程では，われわれの経験や知識にもとづく直感や推理も活用しなければならないが，むしろ英文における文字の出現度数や連接

---

※ 読者も試みられたい．

度数をはじめとする統計量が決定的な役割をはたしている．すなわち，単語の意味や文法などから英文を考えていく言語学的方法とはまったくちがった方法，つまり英文を記号系列とみなし，その確率的特性をとらえていく方法が有力な手段になっていることに注目したい．

これまで，記号系列の具体例について，記号間の拘束と記号の連接，さらにそれらを考慮した情報源モデルの表現法などを考えてきた．次節では，情報源モデルをより一般的なモデルとして定式化し，情報の発生と伝達について理論的な理解を深めていく．

## 3・3 マルコフ情報源

### 3·3·1 定　　義

前節では，状態の遷移という考え方を取り入れて，記号系列における記号間の拘束という問題を考え，さらにそれをシャノン線図で示される情報源モデルで表現した．この情報源モデルを一般的に考えると

$$\mathrm{S}_1,\ \mathrm{S}_2, \cdots\cdots,\ \mathrm{S}_r$$

という $r$ 個の状態をもち，1つの状態 $\mathrm{S}_i$ から別の状態 $\mathrm{S}_j$ へ1つの記号を発生して遷移するというものである．いま，$\mathrm{S}_i$ から $\mathrm{S}_j$ への状態の遷移確率を $p_{ij}$ とおくと

$$\boldsymbol{p} = \begin{array}{c} \\ \mathrm{S}_1 \\ \mathrm{S}_2 \\ \vdots \\ \mathrm{S}_r \end{array} \begin{array}{c} \begin{array}{cccc} \mathrm{S}_1 & \mathrm{S}_2 & \cdots\cdots & \mathrm{S}_r \end{array} \\ \begin{bmatrix} p_{11} & p_{12} & \cdots\cdots & p_{1r} \\ p_{21} & p_{22} & & \vdots \\ \vdots & & \ddots & \vdots \\ p_{r1} & \cdots & \cdots & p_{rr} \end{bmatrix} \end{array} \qquad \cdots\cdots(3 \cdot 3)$$

という**遷移確率行列**が定義できる．

遷移確率行列に従って状態が遷移し，そのつど，1つの記号を発生して記号系列を形成していくこのような情報源を**マルコフ情報源**とい

う．さきに述べたように，ある記号（複数でもよい）が出現し終わった時点の“状態”を考えているから，マルコフ情報源は過去にどのような記号が発生したかに依存してつぎに出現する記号が確率的に決まる情報源であるといえる．

いま，簡単のため2状態2記号のマルコフ情報源の1例を図3·9のようなシャノン線図で表してみる．状態の遷移にともなって発生する記号は0と1であり，カッコ内の数字は遷移確率である．この場合，遷移確率行列は

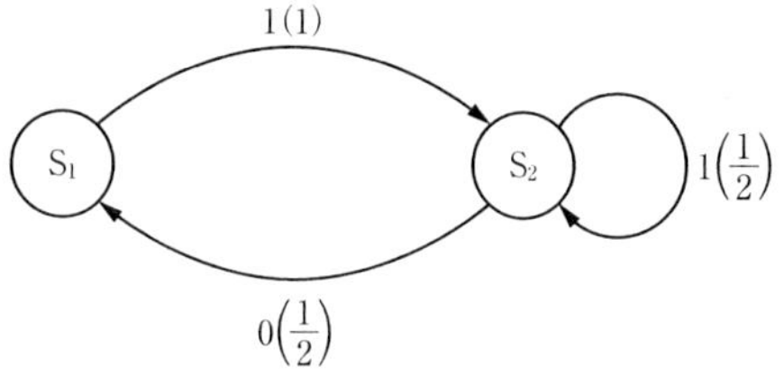


**図3・9**　2状態2記号のマルコフ情報源（シャノン線図）

$$
\boldsymbol{p} = \begin{matrix} & \begin{matrix} S_1 & S_2 \end{matrix} \\ \begin{matrix} S_1 \\ S_2 \end{matrix} & \begin{bmatrix} 0 & 1 \\ \frac{1}{2} & \frac{1}{2} \end{bmatrix} \end{matrix} \qquad \cdots\cdots(3\cdot4)
$$

となる．

さて，状態$S_1$から出発するものとして，このマルコフ情報源によって形成される記号系列の一例はつぎのようなものである．

1 1 0 1 0 1 1 1 0 1 1 0 1 0 …

この記号系列における明らかな記号間の拘束の1つは，0が引き続いて2度出現することはないということである．これは，式(3·4)あるいは図3·9のシャノン線図によっても明らかである．$S_1$は0が出現し終わった状態，$S_2$は1が出現し終わった状態であるから，例えば$S_1$から$S_2$へ1を発生して遷移することは，2記号連接“0 1”が生じることと同じである．したがって，$S_1$から$S_2$への状態の遷移確率$p_{12}$は，0が出現したとき1が出現する条件付き確率と等しいこと

になる．すなわち

$$p_{12} = p(1 \mid 0)$$

である．条件付き確率 $p(1|0)$ の意味は，1の出現する確率が1つ前の過去に出現した記号0に依存して決まることを示している．図3·9より，1の出現する条件付き確率が

$$p(1 \mid 0) = 1 \quad \text{および} \quad p(1 \mid 1) = \frac{1}{2}$$

の2種類あることは容易に確かめられる．

一般的に表現すると，ある時点で記号 $X$ (0あるいは1) の出現する確率は，その1つ前の過去に出た記号 $X^*$ (0あるいは1) の条件付き確率

$$p(X \mid X^*) \qquad \cdots\cdots(3 \cdot 5)$$

で与えられることになる（*は過去を意味する）．

ところが，さきに英語の統計的性質を考えた際のわれわれの経験からすれば，実際の記号系列では，2記号連接だけではなく3記号あるいは4記号の連接という記号間の拘束を考えなければならない場合が生ずる．このような場合，式(3·5)に示される“1つ前の過去”に依存して条件付き確率が決まるやり方では対処できないことになる．そこで，一般的に考えて，$n$ 個前までの過去に出現した記号（系列）に依存してつぎの記号が出現する条件付き確率を考えよう．

すなわち，ある時点で記号 $X$ の出現する確率を，その $n$ 個前までに出現した記号系列※

$$\cdots\cdots \underbrace{X_n^* \ X_{n-1}^* \ \cdots\cdots \ X_2^* \ X_1^*}_{\text{過去の記号系列}} \ X$$

の条件付き確率として次のように定義するのである．

$$p(X \mid X_n^* \ X_{n-1}^* \ \cdots \ X_2^* \ X_1^*) \qquad \cdots\cdots(3 \cdot 6)$$

※ 番号が過去にさかのぼって打ってあることに注意．

このように，過去 $n$ 個の記号系列のみに依存して，ある時点の記号の出現する確率が決まるプロセスを **$n$ 重マルコフ過程**といい，とくに式(3·5)のように $n = 1$ に相当する場合を**単純マルコフ過程**という．

$n$ 重マルコフ過程では，1つの状態は $n$ 個の記号系列が出現し終わったことに対応するから，記号を $n$ 個並べる順列の総数に相当する状態数をもつシャノン線図を用意することが必要になる．たとえば，記号が0と1の2種類で，さらに $n = 2$ である，つまり2重マルコフ過程を考えよう．この場合，記号を2個並べる順列の総数は，$2^2 = 4$ であるから，4種類の状態を考えなければならない．すなわち

$$S_1(0\ 0)\quad S_2(0\ 1)\quad S_3(1\ 0)\quad S_4(1\ 1)$$

の4つである．

いま，状態 $S_1$ で記号1が出現した状況を記号系列としてながめると

$$\cdots\cdots\ 0\ \ 0\ \ 1$$
$$S_1\ \ S_2$$

のようになり，状態は必ず $S_2$ へ遷移することがわかる．状態遷移の

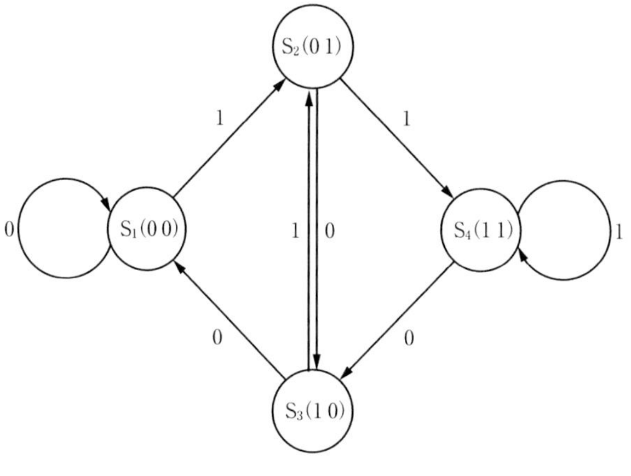


**図3・10**　4状態2記号のマルコフ情報源(シャノン線図)

全体の様子は図 3·10 に示されるとおりである．この例では，$S_1$ から $S_2$ への状態の遷移確率 $p_{12}$ は，式(3·6)を参考にして

$$p_{12} = p(1 \mid 0\ 0)$$

という条件付き確率で与えられることになる．他の遷移確率も同様である．

**例題 3・1**

0 と 1 の二つの記号からなる記号系列の 2 記号連接度数を調べるとつぎのような結果が得られた．

| 連　接 | 00 | 01 | 10 | 11 |
|---|---|---|---|---|
| 度　数 | 251 | 109 | 328 | 0 |

この記号系列が単純マルコフ過程にしたがって形成されていると仮定したとき，遷移確率行列を計算し，さらにシャノン線図を完成せよ．

**解**　単純マルコフ過程とすれば，0 が出現し終わった状態と 1 が出現し終わった状態の 2 状態を考えればよい．前者を $S_1$，後者を $S_2$ としよう．遷移確率を相対度数によって決定する．連接 00 は，遷移 $S_1 \to S_1$ に対応し，01 は $S_1 \to S_2$ に対応している．$p_{11} + p_{12} = 1$ だから

$$p_{11} = \frac{251}{251 + 109} \qquad p_{12} = \frac{109}{251 + 109}$$

$p_{21}$ および $p_{22}$ についても同様に

$$p_{21} = \frac{328}{328 + 0} \qquad p_{22} = \frac{0}{328 + 0}$$

とおけるから，遷移確率行列 $\boldsymbol{p}$ は次のように与えることができる．

$$\boldsymbol{p} = \begin{matrix} & \begin{matrix} S_1 & S_2 \end{matrix} \\ \begin{matrix} S_1 \\ S_2 \end{matrix} & \begin{bmatrix} 0.7 & 0.3 \\ 1 & 0 \end{bmatrix} \end{matrix}$$

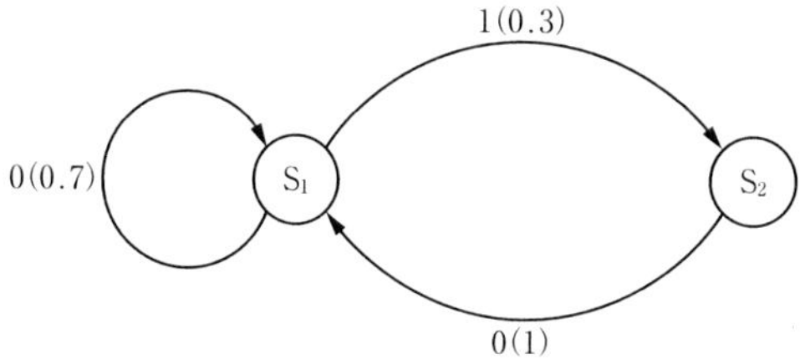


**図3・11**　2状態2記号のマルコフ情報源(シャノン線図)

さらに，シャノン線図は，$\boldsymbol{p}$ を用いて図3･11のように書ける．

終り

### 3･3･2　マルコフ情報源の諸性質

状態の遷移の様子を変化させることで，さまざまなタイプのマルコフ情報源を得ることができる．

3状態3記号（1，2および3）の単純マルコフ情報源のいくつかの例を図3･12にあげている．図(a)は，何回か状態の遷移が続く過程で，いったん $S_3$ へ遷移してしまえば，二度と $S_1$ あるいは $S_2$ という状態にもどることはない．同じような事情は図(c)にもみられる．図(c)では，最初 $S_1$ から出発したとしても，究極には $S_1$ という状態が現れることはないであろう．このように，状態が遷移していく過程で，究極として事実上“消滅”してしまう状態を**消散的である**といい，シャノン線図において消散的な状態からなる部分を**消散部分**という．また，図(a)の $S_3$ のようにいったん移ると抜け出すことができない状態を**吸収的である**という．

図(d)では，明らかに状態の遷移がある規則にしたがって周期的に行われる．発生する記号系列でながめても

… 2 3 1 2 3 1 2 3 1 2 ……

のように周期的である．このように，周期性をもつマルコフ情報源を

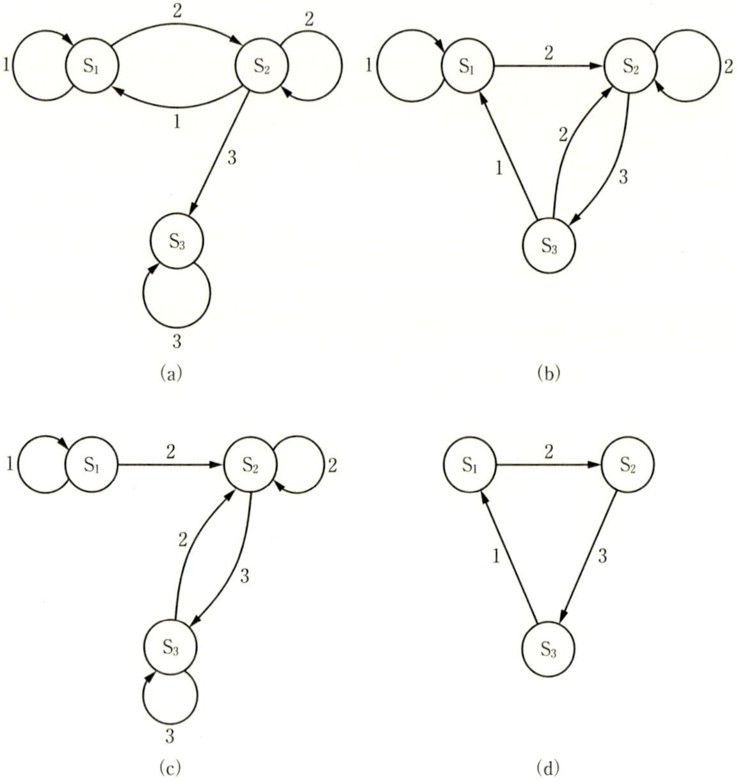


**図 3・12** さまざまなマルコフ情報源の例

**周期的である**という※．図(b)は，消散部分がなく，かつ周期的ではないマルコフ情報源の一例となっている．

消散部分をもつマルコフ情報源のイメージとして，例えばパチンコで遊んでいる人のもっている玉の数を状態とし，1回の打ちによって

※ この例のように明白な周期性だけではなく，もう少し複雑で確率的なものもある．

得られる玉の数を記号とみる例がある．この場合，いったんもっている玉の数が0という状態に落ち込めば，再起不能となり，他のいかなる状態にももどることができないのである．しかし，英文などのわれわれに直接かかわる記号系列を考える場合，消散部分をもつような特殊なマルコフ情報源はモデルとして役に立たないことが多い．英文の例では，どの記号もつねに何がしかの出現確率をもち続けており，ある時点以後急に出現が止まるような事態は起こらない．英文をマルコフ情報源から発生する記号系列とみれば，このことは消散的な状態をもたないことに対応する．つまり，どの状態へももどれる可能性がつねに保障されているということである．

マルコフ情報源はこのように消散部分をもつものともたないものの2種類に大別されることになる（図3・13）．とくに，消散部分をもたず，かつ周期的でないマルコフ情報源を**エルゴード的**であるということがある．エルゴード的な情報源から発生する記号系列は途中で急に統計的性質が変化することもなく，また系列のどのような部分をとってみても統計的性質が均一であるという特長をもっている．

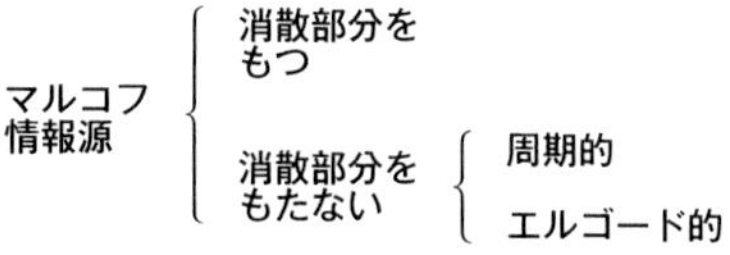


**図3・13**　マルコフ情報源の分類

ここまでの議論の核心となっているのは，ある状態が消散的であるかないかによって，マルコフ情報源の性質が大きく左右されるという点である．ここで，ある状態が消散的であるかないかなどを含めて，別の角度から，つぎのように考えてみよう．

図3・12(c)のマルコフ情報源の状態の遷移確率行列がつぎのように与えられるものとする．

$$
\boldsymbol{p} = \begin{array}{c} \\ \mathrm{S_1} \\ \mathrm{S_2} \\ \mathrm{S_3} \end{array}
\begin{array}{c} \begin{array}{ccc} \mathrm{S_1} & \mathrm{S_2} & \mathrm{S_3} \end{array} \\ \left[\begin{array}{ccc} \frac{1}{2} & \frac{1}{2} & 0 \\ 0 & \frac{1}{3} & \frac{2}{3} \\ 0 & \frac{1}{2} & \frac{1}{2} \end{array}\right] \end{array} \qquad \cdots\cdots(3\cdot7)
$$

一般に，状態 $\mathrm{S}_i$ から出発して $n$ 回の遷移の後，$\mathrm{S}_j$ に到達する確率を $p_{ij}^{(n)}$ と書くことにしよう．$n=1$ の場合は，普通の遷移確率の意味になり，$p_{ij}^{(1)}=p_{ij}$ である．ここで，出発点となる状態 $\mathrm{S}_i$ を**初期状態**とよぶことにする．

さて，式(3·7)の例を参考にしながら確率 $p_{ij}^{(n)}$ を具体的に計算してみよう．簡単のため $n=2$ として $p_{12}^{(2)}$ を計算する．$\mathrm{S}_1$ を初期状態として描いた**樹枝線図**を用いるのが便利である．シャノン線図から1回の遷移によって到達できる状態を調べ，つぎつぎと樹枝状に書き込んでいけばよい．図3·14では，初期状態 $\mathrm{S}_1$ から2回の遷移で到達する状態が示されている．図より，2回の遷移で状態 $\mathrm{S}_2$ に到達する場合として

$$\mathrm{S_1} \to \mathrm{S_1} \to \mathrm{S_2} \quad \text{および} \quad \mathrm{S_1} \to \mathrm{S_2} \to \mathrm{S_2}$$

の2通りあることがわかる．そこで，$p_{12}^{(2)}$ は，2通りの場合の確率の和で与えられるから

$$p_{12}^{(2)} = \frac{1}{2} \times \frac{1}{2} + \frac{1}{2} \times \frac{1}{3} = \frac{5}{12}$$

を得る．

一方，$p_{11}^{(n)}$ は式(3·7)およびシャノン線

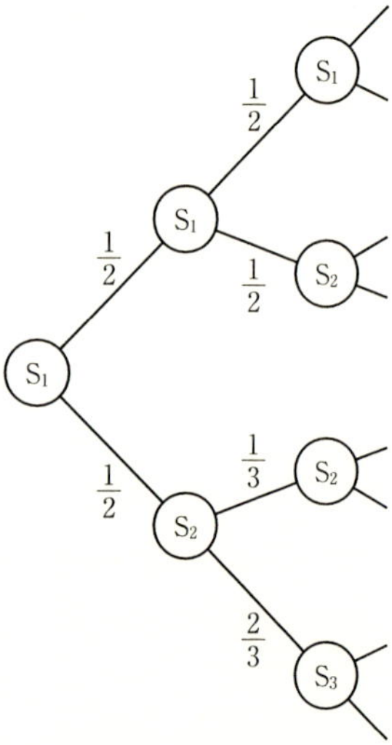


**図3・14** 樹枝線図

図より明らかに

$$p_{11}^{(n)} = \left(\frac{1}{2}\right)^n$$

となり，$n \to \infty$ とすれば $p_{11}^{(n)} \to 0$ となることがわかる．$S_1$ が消散的であることは，これによっても明白であろう．

一般に，初期状態 $S_i$ から出発して $n$ 回の遷移の後，$S_j$ に到達する確率 $p_{ij}^{(n)}$ が初期状態にほとんど無関係になる場合，マルコフ情報源は**定常状態に達した**という．定常状態に達するのは，普通十分な回数で遷移が行われた後であり

$$\lim_{n\to\infty} p_{ij}^{(n)} = u_j \qquad \cdots\cdots(3\cdot8)$$

のように表される．$S_i$ に無関係な確率 $u_j$ を，$S_j$ の**定常状態確率**という．

$r$ 個の状態 $S_1$，$S_2$，…，$S_r$ をもつマルコフ情報源において各状態の定常状態確率は，情報源がエルゴード的な場合に限り，つぎのようにして求めることができる[10]．

まず，状態 $S_i$ $(i = 1, \cdots, r)$ が現れる確率を $u_i$ として，状態確率ベクトル $\boldsymbol{u}$ を

$$\boldsymbol{u} = (u_1, u_2, \cdots, u_r) \qquad \cdots\cdots(3\cdot9)$$

のように定義する．初期状態を $S_1$ とすれば，対応する状態確率ベクトル $\boldsymbol{u}_0$ は

$$\boldsymbol{u}_0 = (1, 0, \cdots, 0)$$

と表される．1 回の遷移の後，各状態が現れる確率を示す状態確率ベクトル $\boldsymbol{u}_1$ は式(3·3)の遷移確率行列 $\boldsymbol{p}$ を用いて

$$\boldsymbol{u}_1 = \boldsymbol{u}_0\,\boldsymbol{p}$$

のように表すことができる．$n$ 回の遷移後の状態確率ベクトル $\boldsymbol{u}_n$ は，結局つぎのように表される．

$$\boldsymbol{u}_n = \boldsymbol{u}_0 \overbrace{\boldsymbol{p}\,\boldsymbol{p}\cdots\cdots\boldsymbol{p}}^{n} = \boldsymbol{u}_0\,\boldsymbol{p}^n \qquad \cdots\cdots(3\cdot 10)$$

式(3·8)のように状態 $S_j$ の定常状態確率が $u_j$ に収束することは，$n \to \infty$ で $\boldsymbol{u}_n$ が

$$\boldsymbol{u}_n \to \boldsymbol{u} \qquad \cdots\cdots(3\cdot 11)$$

のようにある一定ベクトル $\boldsymbol{u}$ に収束することにほかならない．式(3·11)の必要条件として，十分大きい $n$ に対して

$$\boldsymbol{u}_n = \boldsymbol{u}_{n-1} \qquad \cdots\cdots(3\cdot 12)$$

が成り立つはずである．そこで，式(3·10)と式(3·12)から，定常状態確率 $\boldsymbol{u} = (u_1, \cdots, u_r)$ を求める方程式がつぎのように得られる．

**公式** $$\boldsymbol{u} = \boldsymbol{u}\boldsymbol{p} \qquad \cdots\cdots(3\cdot 13)$$

**例題 3・2**

2 状態 2 記号（0 と 1）のマルコフ情報源が図 3·15 のようにシャノン線図で示されている．

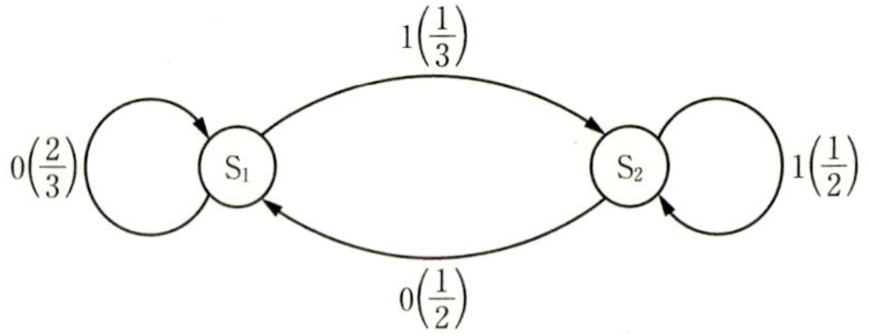


**図 3・15** 2 状態 2 記号のマルコフ情報源（シャノン線図）

このとき，2 状態 $S_1$ と $S_2$ の定常状態確率を求めよ．

**解** $S_1$ と $S_2$ の定常状態確率をそれぞれ $u_1$ と $u_2$ とし，$\boldsymbol{u} = (u_1, u_2)$ とおく．遷移確率行列 $\boldsymbol{p}$ は，図 3·15 より

$$\boldsymbol{p} = \begin{bmatrix} \frac{2}{3} & \frac{1}{3} \\ \frac{1}{2} & \frac{1}{2} \end{bmatrix}$$

となるので，式(3･13)より

$$(u_1, u_2) = (u_1, u_2)\begin{bmatrix} \frac{2}{3} & \frac{1}{3} \\ \frac{1}{2} & \frac{1}{2} \end{bmatrix}$$

となる方程式を得る．この方程式は

$$\begin{cases} \frac{u_1}{3} - \frac{u_2}{2} = 0 \\ \frac{u_1}{3} - \frac{u_2}{2} = 0 \end{cases}$$

のような同次方程式となり，これを $u_1 + u_2 = 1$ に注意して解くと以下の解が得られる．

$$u_1 = \frac{3}{5}, \quad u_2 = \frac{2}{5}$$

終り

### 3･3･3　マルコフ情報源のエントロピー

マルコフ情報源から発生する記号系列が平均としてもっている情報量を，マルコフ情報源のエントロピーと考えることにしよう．さきに述べたように，マルコフ情報源にはいろいろなタイプがあり，マルコフ情報源のエントロピーを求めることは一般的に容易ではない．ただ，同じ種類の記号からなる記号系列についていえば，記号間の拘束がある場合は，それがない場合に比べてエントロピーは小さくなるといえる．たとえば，英文という記号系列を記号の出現する度数という観点だけからみると，式(3･1)の完全事象系タイプの情報源で考えることができ，みかけのエントロピーを計算できる※．しかし，実際には連接の統計的な性質から，ある記号のつぎにどの記号が出現するか

※　表3･2を用いて計算すると“みかけの”エントロピーは約2ビットである．

について平均的にはかなりの推測ができる．このことはとりもなおさず，不確かさが減少することにほかならない．つまり，実際のエントロピーは，みかけのエントロピーより小さくなるはずである．別の見方をすれば，記号間の拘束は記号系列における“秩序”にほかならず，拘束が強ければ強いほど，“無秩序さの度合”を示すエントロピーは小さくなると考えることができる．実際，周期的なマルコフ情報源から発生する記号系列は周期性という“秩序”をもっているため，つぎにどの記号が出現するかについての不確かさはつねに小さくなる．たとえば，図3·12(d)では，この不確かさはつねに確実に0であり，明らかにエントロピーは0となる※．

エントロピーを比較的簡単に計算できるマルコフ情報源のタイプとして，発生する記号系列と遷移していく状態の系列が1対1に対応するものがあげられる．たとえば，3状態3記号（1，2および3）のマルコフ情報源の一例を考えよう．遷移確率行列 $\boldsymbol{p}$ をつぎのように与える．

$$\boldsymbol{p} = \begin{array}{c} \\ S_1 \\ S_2 \\ S_3 \end{array} \begin{array}{c} \begin{array}{ccc} S_1 & S_2 & S_3 \end{array} \\ \begin{bmatrix} p_{11} & p_{12} & p_{13} \\ p_{21} & p_{22} & p_{23} \\ p_{31} & p_{32} & p_{33} \end{bmatrix} \end{array} \qquad \cdots\cdots(3 \cdot 14)$$

図3·16のシャノン線図で，初期状態を $S_1$ のように一定させた場合，遷移していく状態の系列と発生する記号系列は

$$\begin{array}{lll} (\text{状態の系列}) & \multirow{2}{*}{$S_1$} & \to S_3\ S_2\ S_2\ S_3\ S_1\ S_2\ \cdots \\ (\text{記号系列}) & & \dashrightarrow 3\ 2\ 2\ 3\ 1\ 2\ \cdots \end{array}$$

のようにつねに1対1で対応することが確かめられる．

この場合，どの記号が出現するかについての平均情報量を意味する記号系列のエントロピーは，状態の系列のエントロピーと等しくなることは明らかである．そこで，この観点から式(3·14)のマルコフ情報

※　周期性のタイプによってつねに0になるとは限らない．

源のエントロピーを計算することにしよう．

いま，$S_1$という状態からつぎの状態へ遷移する状況を考えてみる．シャノン線図より，可能性は3通りあることがわかる．すなわち，$S_1$, $S_2$あるいは$S_3$へという3通りであり，それぞれの確率は遷移確率として与えられている．この状況を固定して考えれば，平均的な不確かさの量として

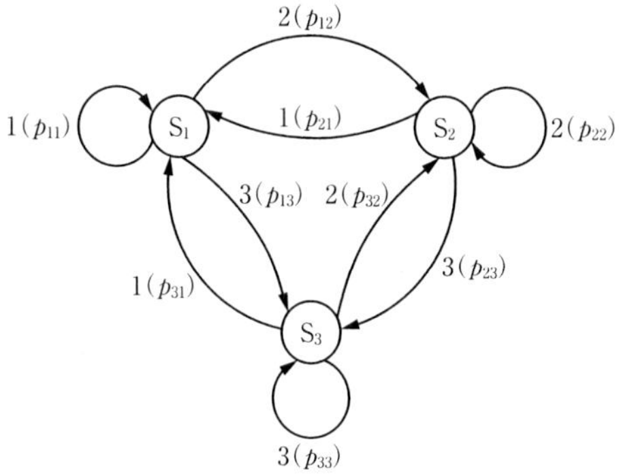


**図3・16**　3状態3記号のマルコフ情報源（シャノン線図）

$$H_1 = -p_{11}\log_2 p_{11} - p_{12}\log_2 p_{12} - p_{13}\log_2 p_{13}$$

となる**局所的**なエントロピー$H_1$が求まる．同様に，状態$S_2$および$S_3$に関する局所的なエントロピー$H_2$および$H_3$もそれぞれ求めることができる．まとめると

$$H_i = -\sum_{j=1}^{3} p_{ij}\log_2 p_{ij} \quad (i = 1, 2, 3) \qquad \cdots\cdots(3・15)$$

となる．

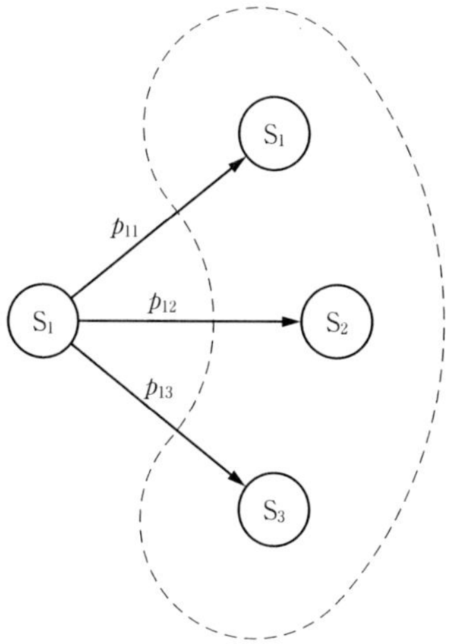


**図3・17**　$S_1$からどの状態（$S_1$, $S_2$，あるいは$S_3$）へ遷移するか？（不確かさ）

いま考えているマルコフ情報源において遷移する状態の系列は，つきつめると上の3つのエントロピーを与えた状況のくり返しにすぎない．したがってこれらの3つの状況が生ずる確率，すなわち$S_1$，$S_2$および$S_3$が現れる確率（**定常状態確率**）を用いて，上記の3つの局所的エントロピーを平均すれば，系列全体のエントロピーが求まることになる．

ここで，$S_1$，$S_2$および$S_3$の定常状態確率をそれぞれ$u_1$，$u_2$および$u_3$とすれば，系列全体のエントロピーつまり式(3･14)のマルコフ情報源のエントロピー$H$は

$$H = \sum_{r=1}^{3} u_r H_r$$

として計算できる．

式(3･15)および上式からのアナロジーによって，一般に$n$状態からなるマルコフ情報源のエントロピーはつぎのようになることが理解できるだろう．

公式　$$H = -\sum_{i=1}^{n}\sum_{j=1}^{n} u_i p_{ij} \log_2 p_{ij} \qquad \cdots\cdots(3\cdot16)$$

ただし，$p_{ij}$ $(i, j = 1, \cdots, n)$ は状態$S_i$から$S_j$への遷移確率，$u_i$は$S_i$の定常状態確率である．

## 3･4　通　信　路

### 3･4･1　情報伝達のモデル化

前節では，情報の発生に関して，マルコフ情報源などの記号系列の形成についての確率モデルを考えた．本節では，発生した情報の伝達について考え，そのモデル化を行う．

情報は，空間と時間を媒介として伝達される．情報の空間的伝達と

は，ある場所で発生した情報を別の場所で受けとることであり，時間的伝達とは，ある時刻に発生した情報を別の時刻に受けとることである．大阪から京都へ電話をする，ロンドンから東京にメールが届く，古代文書を解読する，タイムカプセルを埋めるなどの事柄はすべて空間と時間を媒介とした情報の伝達にほかならない．もっとはっきりいえば，時空間を媒介とした“記号”の伝達である．

いろいろとみかけ上の形態はちがっているけれども，これらの情報伝達における共通の問題点は，一般に発生した情報が必ずしもつねに忠実に受けとられないということにある．この原因として，電話中に混信した，メールの送信中に障害が起こった，古代文書の一部に誤写があったなど，やはりそれぞれみかけ上の異なる事情が考えられるであろう．記号の伝達をめぐるこのような問題を情報理論の中で定量的に議論していくために，一括してはっきりした形にまとめることは大変重要である．

ここで，記号の伝達の様子について，図3・18のように空間や時間という“媒体”をブラックボックスとみて考えてみよう．ブラックボックスには，入口と出口がある．発生した記号は入口から入り，出口から出た記号が受けとられる．ブラックボックスの中でどのようなことが起こっているか知るすべはないが，入った記号が必ずしもつねに忠実にもとの形のままで出てこないという問題がある．すなわち，入った記号とは全然ちがう記号が出てきたり，入った記号が途中で消失してしまったりすることがあるというわけである．これらの現象を**誤り**と呼んでいる．

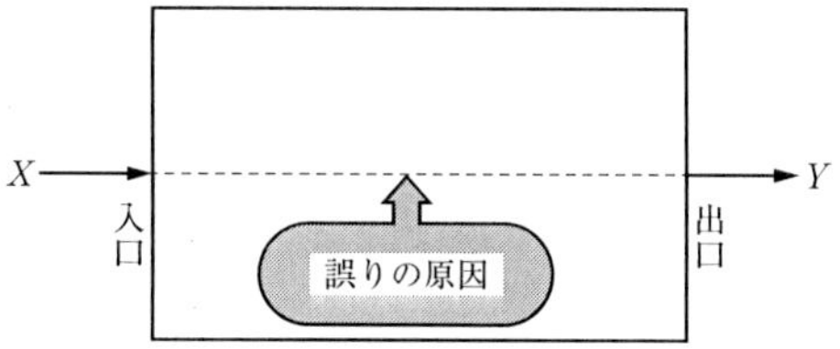


図3・18 ブラックボックス

記号の伝達において誤りが発生するしくみは，一般に，非常に多くの原因がからみあっていることが多く複雑である．そこで，これらの原因を確率的に発生する雑音として一括して把握する方法が便利である．このように考えると，雑音を原因とする誤りもまた確率的であるということになる．情報理論では，雑音を原因として確率的に誤りが発生するこのような記号伝達のモデルを**通信路**※と呼んでいる．ブラックボックスである通信路の中身は問わないにしても，通信路における誤りがどの程度か，あるいは逆に記号がどの程度正しく伝達されるかという“特性”を定式化することは，記号伝達を考えるうえで最小限必要なことである．そこで，つぎのように考えてみよう．

通信路の入口から入る記号を，**送信記号**と呼び，出口からの記号を**受信記号**と呼ぶことにする．さきに述べたように，送信記号と受信記号は雑音によって一般に必ずしも1対1で対応しないことを念頭において，送信記号の集合 $\boldsymbol{A}$ と受信記号の集合 $\boldsymbol{B}$ をつぎのように表す．

$$\boldsymbol{A} = \{A_1, A_2, \cdots\cdots, A_r\} \quad (\text{送信記号})$$

$$\boldsymbol{B} = \{B_1, B_2, \cdots\cdots, B_s\} \quad (\text{受信記号})$$

いま，送信記号が $A_i$ であるときに，受信記号が $B_j$ となる条件付き確率 $p(B_j \mid A_i)$ を簡単に $P_{ij}$ と書くことにすれば

$$\boldsymbol{P} = \begin{array}{c} \\ A_1 \\ A_2 \\ \vdots \\ A_r \end{array} \!\!\begin{array}{c} \begin{array}{cccc} B_1 & B_2 & \cdots\cdots & B_s \end{array} \\ \begin{bmatrix} P_{11} & P_{12} & \cdots\cdots & P_{1s} \\ P_{21} & P_{22} & & \vdots \\ \vdots & & \ddots & \vdots \\ P_{r1} & \cdots & \cdots & P_{rs} \end{bmatrix} \end{array} \qquad \cdots\cdots(3 \cdot 17)$$

という $r$ 行 $s$ 列の**通信路行列**が定義できる．

もちろん，すべての行（$i = 1, \cdots, r$）について

---

※ Channel の慣習的な訳語．

$$\sum_{j=1}^{s} P_{ij} = 1 \qquad \cdots\cdots(3 \cdot 18)$$

が成り立つことは当然である.

特別な場合として，**雑音のない**通信路では送信記号と受信記号が当然

$$A_i \longleftrightarrow B_i \quad (i = 1, \cdots, r)$$

のように完全に1対1で対応するから，通信路行列は対角行列となる $(r = s)$.

**例題 3・3**

送信記号が0と1の2種あり，通信路を介して伝達される．正しく受信される確率はどちらも0.8である．一方，確率0.2でどちらの送信記号なのか受信側で判定不能な現象が生ずる．通信路行列 $\boldsymbol{P}$ を求めよ．

**解** 受信側で判定不能という現象を第三の受信記号 $X$ を受けとることであるとみなすと，送信記号と受信記号の集合 $\boldsymbol{A}$ と $\boldsymbol{B}$ はそれぞれ

$$\boldsymbol{A} = \{0, 1\}, \qquad \boldsymbol{B} = \{0^*, 1^*, X\}$$

と表される．ただし，* は受信記号を送信記号から区別する意味で用いている．

題意より

$$p(0^* \mid 0) = p(1^* \mid 1) = 0.8$$

$$p(X \mid 0) = p(X \mid 1) = 0.2$$

であるから

$$p(0^* \mid 1) = p(1^* \mid 0) = 0$$

となる．結局，通信路行列 $\boldsymbol{P}$ はつぎのようになる．

$$
\boldsymbol{P} = \begin{array}{c} \\ 0 \\ 1 \end{array}\!\!\begin{array}{c} \begin{array}{ccc} 0^* & 1^* & X \end{array} \\ \begin{bmatrix} 0.8 & 0 & 0.2 \\ 0 & 0.8 & 0.2 \end{bmatrix} \end{array} \quad \cdots\cdots(3\cdot19)
$$

式(3·19)の通信路行列 $\boldsymbol{P}$ を図的に表現したものが図 3·19 である．このような通信路を**消失通信路**と呼ぶ．

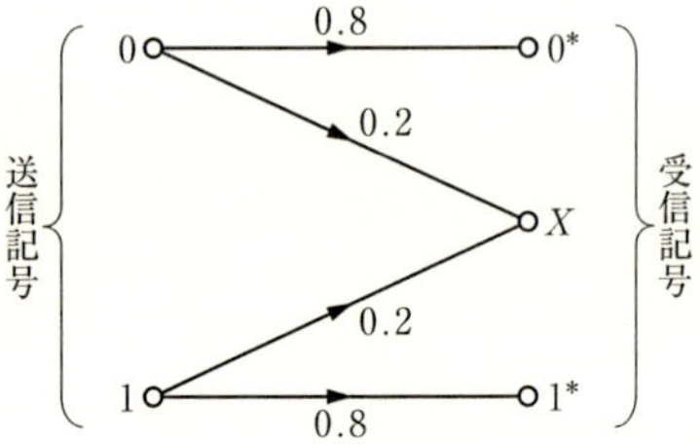


**図 3・19** 消失通信路

終り

さて，通信路はこのように記号伝達に関してある程度の不確実性をもっている．たとえ受信記号を受けとったとしても，送信記号に関する多少の不確かさが残るであろう．与えられた通信路についてこのような不確かさが平均としてどの程度かは，送信記号と受信記号の集合をそれぞれ，2 つの完全事象系 $\boldsymbol{A}$ と $\boldsymbol{B}$ とみることによってエントロピー論的に考えていくことができる．いま，簡単のためつぎのような通信路を例としてみよう．

送信記号および受信記号の集合をそれぞれ

$$
\boldsymbol{A} = \begin{bmatrix} A_1 & A_2 \\ p(A_1) & p(A_2) \end{bmatrix} \qquad \boldsymbol{B} = \begin{bmatrix} B_1 & B_2 \\ p(B_1) & p(B_2) \end{bmatrix} \cdots\cdots(3\cdot20)
$$

で表される完全事象系と考える．このように, 2 記号からなる通信路は**2 元通信路**と呼ばれる．いま，通信路行列 $\boldsymbol{P}$ が式(3·17)にしたがって

$$
\boldsymbol{P} = \begin{array}{c} \\ A_1 \\ A_2 \end{array}\!\!\begin{array}{c} \begin{array}{cc} B_1 & B_2 \end{array} \\ \begin{bmatrix} P_{11} & P_{12} \\ P_{21} & P_{22} \end{bmatrix} \end{array} \qquad \cdots\cdots(3\cdot21)
$$

のように与えられているものとする．

受信記号 $B_j$ $(j = 1, 2)$ が出現する確率は

$$
p(B_j) = \sum_{i=1}^{2} p(A_i)\,p(B_j \mid A_i) = p(A_1)P_{1j} + p(A_2)P_{2j}
$$

であるから，実は送信記号の確率と通信路行列によって規定されることに注意したい．

さて，通信路の受信側で受信記号を受けとった場合のみかけの平均情報量はエントロピー $H(\boldsymbol{B})$ としてつぎのように与えられる．

$$H(\boldsymbol{B}) = -\sum_{j=1}^{2} p(B_j)\log_2 p(B_j) \qquad \cdots\cdots(3 \cdot 22)$$

もし，通信路における記号伝達が正しく行われていれば，$H(\boldsymbol{B})$ は送信記号がもっている平均情報量と考えることができる．しかし，一般には雑音によって送信記号のもつ情報は，通信路における記号伝達の過程で少なからず失われるので，$H(\boldsymbol{B})$ はみかけの平均情報量とみなされる．

それでは，受信記号を受けとったとき，送信記号に関して平均としてどのくらいの情報量が得られるであろうか？　これは2章で述べた**平均相互情報量**を計算すればよい．すなわち，たとえば式(2・72)より

$$I(\boldsymbol{A};\boldsymbol{B}) = H(\boldsymbol{A}) - H(\boldsymbol{A}\,|\,\boldsymbol{B}) \qquad \cdots\cdots(3 \cdot 23)$$

である．図3・20を参考にして考えると，平均相互情報量 $I(\boldsymbol{A};\boldsymbol{B})$ は送信記号のもっている情報が通信路を介して実際に受信側に到達する量であると考えられる．式(3・23)の第2項は，通信路における記号伝

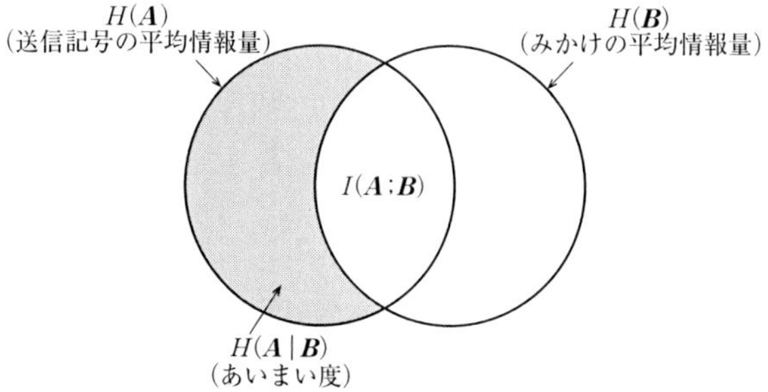


**図3・20**　平均相互情報量とあいまい度

達の過程で失われる情報の量と考えることができる．この意味で，条件付きエントロピー $H(\boldsymbol{A}\mid\boldsymbol{B})$ は**あいまい度**とよばれる．

式(3·23)において，送信記号の平均情報量（エントロピー）$H(\boldsymbol{A})$ はつぎのように与えられる．

$$H(\boldsymbol{A}) = -\sum_{i=1}^{2} p(A_i)\log_2 p(A_i) \qquad \cdots\cdots(3\cdot 24)$$

さらに，あいまい度は条件付きエントロピーであるから，つぎのように表される．

$$\begin{aligned} H(\boldsymbol{A}\mid\boldsymbol{B}) &= -\sum_{j=1}^{2} p(B_j)\sum_{i=1}^{2} p(A_i\mid B_j)\log_2 p(A_i\mid B_j) \\ &= -\sum_{i=1}^{2}\sum_{j=1}^{2} p(A_i\cap B_j)\log_2 p(A_i\mid B_j) \end{aligned} \qquad \cdots\cdots(3\cdot 25)$$

ただし，結合確率 $p(A_i\cap B_j)$ は，式(2·2)および式(3·21)より

$$\begin{aligned} p(A_i\cap B_j) &= p(A_i)p(B_j\mid A_i) \\ &= p(A_i)P_{ij} \end{aligned} \qquad \cdots\cdots(3\cdot 26)$$

と表され，さらに条件付き確率についてもベイズの定理を用いて

$$p(A_i\mid B_j) = \frac{p(A_i)P_{ij}}{p(A_1)P_{1j} + p(A_2)P_{2j}} \qquad \cdots\cdots(3\cdot 27)$$

と表されるから，あいまい度は送信記号の確率と通信路行列を用いて計算できることがわかる．

**例題 3・4**

つぎのような通信路行列 $\boldsymbol{P}$ によって示される 2 元通信路がある．

$$\boldsymbol{P} = \begin{array}{c} \\ 0 \\ 1 \end{array}\!\!\begin{array}{c} \begin{matrix} 0^* & 1^* \end{matrix} \\ \begin{bmatrix} 0.9 & 0.1 \\ 0.1 & 0.9 \end{bmatrix} \end{array}$$

いま，2 つの送信記号の発生する確率が，それぞれ $p(0) =$

0.5 および $p(1) = 0.5$ であるとき，あいまい度を求めよ．また送信記号のもっている平均情報量のうち，受信側に到達する割合を求めよ．

**解** 式(3・26)および式(3・27)で $A_1 = 0$，$A_2 = 1$，$B_1 = 0^*$ および $B_2 = 1^*$ とおくと，結合確率および条件付き確率は以下のように求められる．

$$\begin{cases} p(0 \cap 0^*) = 0.45 & p(0 \cap 1^*) = 0.05 \\ p(1 \cap 0^*) = 0.05 & p(1 \cap 1^*) = 0.45 \end{cases}$$

$$\begin{cases} p(0 \mid 0^*) = 0.9 & p(0 \mid 1^*) = 0.1 \\ p(1 \mid 0^*) = 0.1 & p(1 \mid 1^*) = 0.9 \end{cases}$$

式(3・25)より，あいまい度は

$$\begin{aligned} H(\boldsymbol{A} \mid \boldsymbol{B}) &= -2 \times (0.45 \log_2 0.9 + 0.05 \log_2 0.1) \\ &= 0.467 \text{ ビット} \end{aligned}$$

となる．一方，送信記号の平均情報量はエントロピーとして

$$H(\boldsymbol{A}) = -2 \times (0.5 \log_2 0.5) = 1 \text{ ビット}$$

によって与えられる．受信側に平均として到達する情報量は平均相互情報量として，式(3・23)よりつぎのように求められる．

$$\begin{aligned} I(\boldsymbol{A};\boldsymbol{B}) &= H(\boldsymbol{A}) - H(\boldsymbol{A} \mid \boldsymbol{B}) \\ &= 1 - 0.467 = 0.533 \text{ ビット} \end{aligned}$$

したがって，到達する割合 $I(\boldsymbol{A};\boldsymbol{B})/H(\boldsymbol{A})$ は 0.533 となるから，約 50% しか，受信側に到達していないことになる．

**終り**

### 3・4・2 通信容量

通信路は，送信記号から受信記号への記号の伝達特性を示す通信路行列によって特徴づけられる．では，この通信路が最大限でどの位の

情報量を伝達できるかについて考えてみよう．

式(3·23)に示されるように，一般に送信記号および受信記号の集合をそれぞれ，$\boldsymbol{A}$ および $\boldsymbol{B}$ としたとき，送信記号の情報が平均として受信側に到達する量は

$$I(\boldsymbol{A};\boldsymbol{B}) = H(\boldsymbol{A}) - H(\boldsymbol{A}\,|\,\boldsymbol{B}) \qquad \cdots\cdots(3 \cdot 28)$$

で表される平均相互情報量として与えられる．さきに述べたように，$I(\boldsymbol{A};\boldsymbol{B})$ は送信記号のおのおのが発生する確率と通信路行列によって決まる量である．ここで，一般に送信記号の集合を1つの完全事象系とみて

$$\boldsymbol{A} = \begin{bmatrix} A_1 & A_2 & \cdots\cdots & A_r \\ p_1 & p_2 & \cdots\cdots & p_r \end{bmatrix} \qquad \cdots\cdots(3 \cdot 29)$$

とおいてみよう（$\boldsymbol{r}$ **元通信路**）．

通信路行列が一定不変のものとみると，平均相互情報量 $I(\boldsymbol{A};\boldsymbol{B})$ は，式(3·29)の確率 $p_1, p_2, \cdots\cdots, p_r$ によって変化することになる．そこで，これらの確率をいろいろ変化させて得られる $I(\boldsymbol{A};\boldsymbol{B})$ の最大値に注目する．すなわち

公式 $$C = \mathrm{Max}\, I(\boldsymbol{A};\boldsymbol{B}) \qquad \cdots\cdots(3 \cdot 30)$$

このように定義された最大値 $C$ を通信路の**通信容量**とよぶ．通信容量は，与えられた通信路において伝達し得る情報の最大量を示しているが，式(3·30)の定義ではその単位が，1記号当たり何ビットかを示す

〔ビット/記号〕

であることに注意しよう．これに対して，電子計算機や情報伝送技術で実際に通信容量を考える場面では〔ビット/秒〕※という単位が用いられる．式(3·30)を〔ビット/秒〕という単位へ変換することは，記号

※ 〔ビット/秒〕は bps（bits per second）とも表す．

を伝達する所要時間がすべて等しく$\tau$である場合

公式 $\hat{C} = \dfrac{C}{\tau}$ 〔ビット/秒〕 ……(3・31)

のように簡単である．しかし，個々の記号の所要時間が異なる場合は，少し面倒になる．

まず，式(3・29)に与えられている各記号$A_i$ $(i = 1, \cdots, r)$ の所要時間を$\tau_i$として，1記号あたりの平均所要時間$\tau$をつぎのように得る．

$$\tau = \sum_{i=1}^{r} p_i \tau_i \quad \cdots\cdots(3\cdot32)$$

ここで，平均相互情報量を用いて

公式 $R = \dfrac{I(\boldsymbol{A};\boldsymbol{B})}{\tau}$ ……(3・33)

のように**伝送速度**を定義する．伝送速度は分母，分子とも送信記号の発生確率$p_1, \cdots\cdots, p_r$によって変化するので，1秒あたりの通信容量を式(3・30)にならって

公式 $\hat{C} = \mathrm{Max}\, R$ 〔ビット/秒〕 ……(3・34)

と定義することができる．

式(3・30)や式(3・34)の通信容量を一般的に求めるのは，必ずしも容易ではない．そこで，代表的ないくつかのタイプの通信路について考えてみよう．通信路はまずつぎのように大別される．

① **雑音のない通信路**

② **雑音のある通信路**

①と②の区別は通信路行列が対角行列となるかどうかにあるが，以下，それぞれ順を追って考えていこう．

### 3・4・3 雑音のない通信路

雑音のない通信路では，記号伝達が忠実に行われ，途中で送信記号

のもつ情報が失われることはない．したがって，あいまい度は明らかに0であるから，式(3·28)より送信記号と受信記号に関する平均相互情報量は

$$I(\boldsymbol{A};\boldsymbol{B}) = H(\boldsymbol{A}) \qquad \cdots\cdots(3 \cdot 35)$$

となり，送信記号のエントロピーに一致する．このような通信路の通信容量はエントロピー $H(\boldsymbol{A})$ の最大値そのものである．すなわち

$$C = \mathrm{Max}\, H(\boldsymbol{A}) \qquad \cdots\cdots(3 \cdot 36)$$

である．

**例題3・5**

雑音のない2元通信路の通信容量を求めよ．

**解** 通信路行列 $\boldsymbol{P}$ はつぎのように対角行列となる．

$$\boldsymbol{P} = \begin{array}{c} \\ 0 \\ 1 \end{array}\!\!\begin{array}{c} \begin{matrix} 0^* & 1^* \end{matrix} \\ \begin{bmatrix} 1 & 0 \\ 0 & 1 \end{bmatrix} \end{array}$$

送信記号0と1の確率を変数として

$$\boldsymbol{A} = \begin{bmatrix} 0 & 1 \\ p & 1-p \end{bmatrix}$$

とおく．式(3·36)より通信容量はつぎのように求められる．

$$\begin{aligned} C &= \mathrm{Max}\, H(\boldsymbol{A}) \\ &= \underset{p}{\mathrm{Max}} \{-p\log_2 p - (1-p)\log_2(1-p)\} \\ &= 1\,\text{ビット/記号} \end{aligned}$$

**終り**

個々の記号の所要時間が異なる場合，雑音のない通信路の通信容量を求める方法を考えてみよう．$r$ 元通信路を考え，式(3·29)に与えられる送信記号 $A_i$ $(i = 1, \cdots, r)$ の所要時間を $\tau_i$ とすると，伝送速度 $R$ はつぎのようになる．

$$R = \frac{H(\boldsymbol{A})}{\tau} = \frac{-\sum_{i=1}^{r} p_i \log_2 p_i}{\sum_{i=1}^{r} p_i \tau_i} \qquad \cdots\cdots(3 \cdot 37)$$

式(3・37)において，確率 $p_i\ (i = 1, \cdots, r)$ を変化させて得られる $R$ の最大値が通信容量であるが，この問題は拘束条件

$$\sum_{i=1}^{r} p_i = 1 \qquad \cdots\cdots(3 \cdot 38)$$

のもとで，$R$ の最大値を求めることにほかならない．ここで，例題2·4で用いたラグランジュの方法を用いると，形式的に（$R$ を含んだ形で）

$$p_i = 2^{-R\tau_i} \qquad \cdots\cdots(3 \cdot 39)$$

のとき，$R$ は最大になるという結果を得る[10)]（この式が，所要時間が長い記号ほど確率を小さくするという意味を含んでいることに注目したい）．

そこで，式(3·39)を式(3·38)に代入してつぎの方程式を得る．

$$\sum_{i=1}^{r} 2^{-R\tau_i} = 1 \qquad \cdots\cdots(3 \cdot 40)$$

$X = 2^R$ とおくと，式(3·40)は

公式　$1 - X^{-\tau_1} - X^{-\tau_2} - \cdots\cdots - X^{-\tau_r} = 0$　……(3・41)

で表される**特性方程式**となり，この最大正根 $X_0$ を求めることによって1秒あたりの通信容量がつぎのように得られる．

公式　$\widehat{C} = \mathrm{Max}\, R = \log_2 X_0$　〔ビット/秒〕　……(3・42)

**例題 3・6**

雑音のない2元通信路がある．2つの送信記号 $A_1$ および $A_2$ の所要時間がそれぞれ，0.1 および 0.2 秒とする．1秒あたりの通

信容量を求めよ.

**解** 式(3·41)より

$$1 - X^{-0.1} - X^{-0.2} = 0$$

この式で，$X^{0.1} = Y$ とおくと

$$Y^2 - Y - 1 = 0$$

を得る．$Y$ の最大正根 $Y_0$ は明らかに

$$Y_0 = \frac{1 + \sqrt{5}}{2} = 1.618$$

となる．したがって原式の最大正根 $X_0$ は

$$X_0 = (1.618)^{10} = 123$$

となるので，通信容量 $\widehat{C}$ は式(3·42)よりつぎのように求まる.

$$\widehat{C} = \log_2 123 = 6.9 \text{ ビット/秒}$$

**終り**

いままで考えてきたのは，送信記号が互いに独立に発生し得る場合についてであったが，記号間の拘束がある通信路もある．このような場合，通信容量はどのようになるであろうか．そこで，送信記号がエルゴード的なマルコフ情報源から発生するものとみて，1秒あたりの通信容量を考えてみよう.

雑音のない通信路の伝送速度 $R$ は式(3·37)より，つぎのように書ける.

**公式** $$R = \frac{\text{送信記号のエントロピー } H}{\text{記号の平均所要時間 } \tau} \qquad \cdots\cdots(3 \cdot 43)$$

いま，マルコフ情報源が $n$ 状態をもつとして，それぞれを $S_i$ ($i = 1, \cdots, n$) とする．$S_i$ から $S_j$ への遷移確率を $p_{ij}$ とし，さらに $S_i$ の定常状態確率が $u_i$ で与えられるものとする（図3·21).

記号の平均所用時間 $\tau$ は，式(3·37)と少し異なる考え方で求める．状態 $S_i$ から $S_j$ への遷移の仕方を1通り以下と仮定して※，そのとき

※ 2通り以上ある場合でも，少しの変更で同じように議論できる.

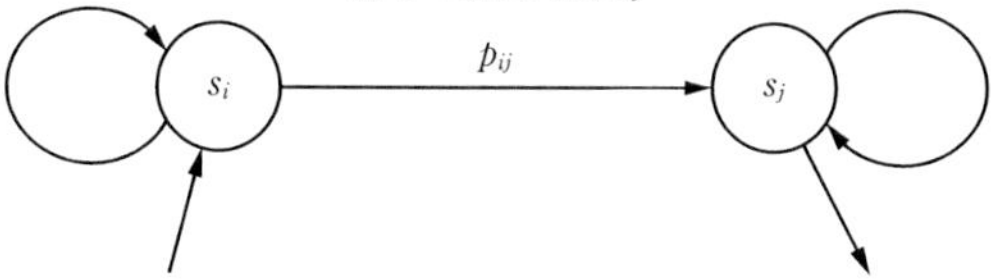


**図 3・21** 状態遷移と発生記号の所要時間

出る記号の所要時間を $l_{ij}$ とする．もし記号が 2 種類しかなければ，$l_{ij}$ も 2 種類の値しかとらないことになる．さて，このように考えれば，記号の平均所要時間 $\tau$ は，状態の遷移という観点からつぎのように計算される．

公式
$$\tau = \sum_{i=1}^{n}\sum_{j=1}^{n} u_i p_{ij} l_{ij} \qquad \cdots\cdots(3\cdot 44)$$

一方，送信記号のエントロピー $H$ も，状態の遷移という観点から，マルコフ情報源のエントロピーとして式(3·16)より

$$H = -\sum_{i=1}^{n}\sum_{j=1}^{n} u_i p_{ij} \log_2 p_{ij} \qquad \cdots\cdots(3\cdot 45)$$

のように与えられる．

結局，伝送速度 $R$ は式(3·44)，(3·45)を式(3·43)に代入して

$$R = \frac{-\sum_{i=1}^{n}\sum_{j=1}^{n} u_i p_{ij} \log_2 p_{ij}}{\sum_{i=1}^{n}\sum_{j=1}^{n} u_i p_{ij} l_{ij}} \qquad \cdots\cdots(3\cdot 46)$$

となる．

式(3·46)は，変数としてみかけ上 $u_i$ $(i = 1, \cdots, n)$ および $p_{ij}$ $(i, j = 1, \cdots, n)$ を含んでいるが，定常状態確率 $u_i$ は，遷移確率行列を用いて式(3·13)のように決定される量である．したがって，本質的に $R$ を変化させる変数は $p_{ij}$ にほかならない．つまり，通信容量を決める $R$ の最大値が，どのような $p_{ij}$ によって与えられるかをみつけなけ

ればならない．

少々天下り式になるが，この問題の解法を述べよう．$p_{ij}$ が $S_i$ から $S_j$ への遷移確率であることを考慮しながら，式(3·39)からのアナロジーによって

$$p_{ij} = \frac{B_j}{B_i} W^{-l_{ij}} \qquad \cdots\cdots(3 \cdot 47)$$

のとき，式(3·46)の $R$ が最大値をとるとする．ただし，$B_i$ および $B_j$ は状態 $S_i$ および $S_j$ に関係する正の量である．式(3·47)を式(3·46)に代入するとつぎのようになる．

$$R = \frac{\log_2 W \cdot \sum_i \sum_j u_i p_{ij} l_{ij} - \sum_i \sum_j u_i p_{ij} \log_2 B_j + \sum_i \sum_j u_i p_{ij} \log_2 B_i}{\sum_i \sum_j u_i p_{ij} l_{ij}}$$

分子第2項および第3項について

$$\sum_i u_i p_{ij} = u_j \quad \text{および} \quad \sum_j p_{ij} = 1$$

に注意すれば，結局つぎの式を得る．

$$R = \log_2 W \qquad \cdots\cdots(3 \cdot 48)$$

式(3·48)によれば，$W$ の最大値を求めることによって $R$ の最大値が得られることになる．そこで，式(3·47)に基づいて，$W$ を決定する方程式を導くことにしよう．

両辺に $B_i$ を乗じて

$$B_i p_{ij} = B_j W^{-l_{ij}}$$

さらに，両辺の $\sum_j$ をとる．すなわち

$$B_i = \sum_{j=1}^{n} B_j W^{-l_{ij}} \qquad \cdots\cdots(3 \cdot 49)$$

を得る．式(3·49)をすべての $i$ について考えるとつぎのように表すことができる．

$$\underset{\boldsymbol{B}}{\begin{pmatrix} B_1 \\ B_2 \\ \vdots \\ B_n \end{pmatrix}} = \underset{\boldsymbol{W}}{\begin{bmatrix} W^{-l_{11}} & W^{-l_{12}} & \cdots & W^{-l_{1n}} \\ W^{-l_{21}} & W^{-l_{22}} & & \vdots \\ \vdots & & \ddots & \vdots \\ W^{-l_{n1}} & \cdots & \cdots & W^{-l_{nn}} \end{bmatrix}} \underset{\boldsymbol{B}}{\begin{pmatrix} B_1 \\ B_2 \\ \vdots \\ B_n \end{pmatrix}} \quad \cdots\cdots(3 \cdot 50)$$

列ベクトルを $\boldsymbol{B}$, $n \times n$ 行列（$n$ 行 $n$ 列の行列）を $\boldsymbol{W}$ とおくと，上式は

$$\boldsymbol{B} = \boldsymbol{W} \cdot \boldsymbol{B}$$

と書ける．$n \times n$ 単位行列を $\boldsymbol{I}$ とし，零ベクトルを 0 とすれば，さらにつぎの式を得る．

$$(\boldsymbol{W} - \boldsymbol{I})\boldsymbol{B} = 0 \quad \cdots\cdots(3 \cdot 51)$$

式(3·51)の同次方程式が $\boldsymbol{B} = 0$ でない根をもつためには，行列式が 0 でなければならない．すなわち，これより

$$|\boldsymbol{W} - \boldsymbol{I}| = 0 \quad \cdots\cdots(3 \cdot 52)$$

という $W$ に関する方程式を得る※．

式(3·52)の最大正根を $W_0$ とすると，この場合の通信容量 $\widehat{C}$ は式(3·48)よりつぎのように与えられる．

公式　$$\widehat{C} = \mathrm{Max}\, R = \log_2 W_0 \quad \cdots\cdots(3 \cdot 53)$$

**例題 3・7**

雑音のない 2 元通信路がある．2 つの送信記号 $A_1$ および $A_2$ の所要時間がそれぞれ，0.1 および 0.2 秒とする．記号 $A_1$ と $A_2$ の発生が，つぎのシャノン線図に示されるタイプのマルコフ情報源によるものとする．

※　式(3·52)を満たす $W$ を用いて式(3·47)の $p_{ij}$ が遷移確率の条件 $\sum_j p_{ij} = 1$ を満足することは証明できる[10]．

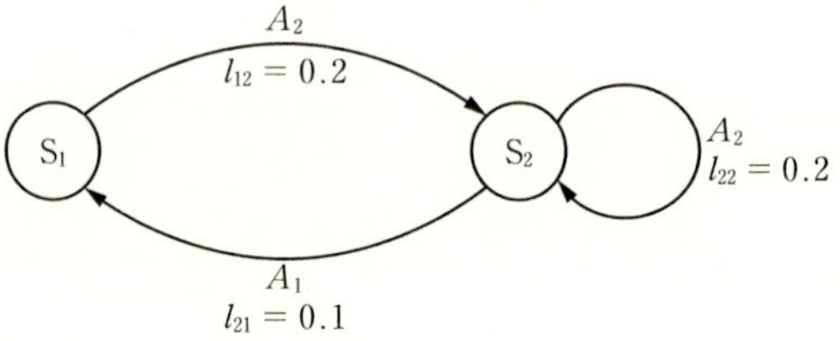


**図 3・22** 所要時間の異なる 2 記号 2 状態のマルコフ情報源

1 秒あたりの通信容量を計算せよ．

**解** 式(3·50)および式(3·52)より

方程式

$$\begin{vmatrix} -1 & W^{-0.2} \\ W^{-0.1} & W^{-0.2}-1 \end{vmatrix} = 0$$

を得る．図 3.22 より $p_{11}$（$S_1$ から $S_1$ へもどる確率）は 0 であるから，$W^{-l_{11}}=0$ としていることに注意．

上の行列式を展開して

$$1 - W^{-0.2} - W^{-0.3} = 0$$

を得る．ここで，$W^{0.1}=Y$ とおいて整理するとつぎの 3 次方程式を得る．

$$Y^3 - Y - 1 = 0 \quad \cdots\cdots(3\cdot54)$$

式(3·54)の最大正根 $Y_0$ は，図 3·23 に示すように

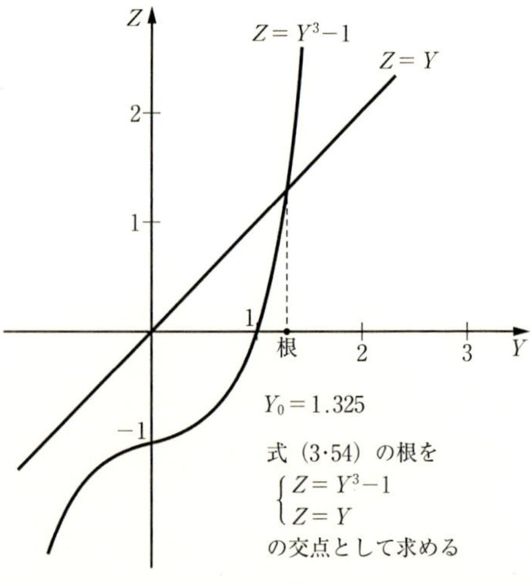


**図 3・23** 3 次方程式のグラフによる求解

$$Y_0 = 1.325$$

となる（ただ1つの実根）.

原式の最大正根は，$W_0 = (1.325)^{10}$となるから，1秒あたりの通信容量は式(3・53)よりつぎのようになる.

$$\begin{aligned}\widehat{C} &= \log_2 (1.325)^{10} \\ &= 10 \log_2 1.325 \\ &= 4.06 \text{ ビット/秒}\end{aligned}$$

終り

例題3・6と例題3・7を比較してみるとおもしろい．前者は記号間の拘束がない場合，後者は拘束がある場合である．ともに2元通信路で，各記号の所要時間もまったく同じであるが，記号間の拘束があると，1秒あたりの通信容量は，拘束がない場合に比べて小さくなっている．予想されることであるが，このちがいをもう1度確認しておこう.

### 3・4・4 雑音のある通信路

雑音のある通信路の特性を示す通信路行列は，対角行列とはならない．またあいまい度も当然0ではない．したがって，通信容量は送信記号と受信記号についての平均相互情報量にもとづく定義式，式(3・30)あるいは式(3・34)を用いて求めることになる．雑音のある通信路でも，記号間の拘束がある場合，ない場合，さらに雑音の種類が変わる場合などさまざまのタイプがある．ここでは，最も簡単な**2元対称通信路**を取り上げて考える.

2元対称通信路は，通信路行列$\boldsymbol{P}$がつぎのように，対称行列で与えられる通信路である.

$$\boldsymbol{P} = \begin{array}{c} \\ 0 \\ 1 \end{array}\begin{array}{c} \begin{array}{cc} 0^* & \quad 1^* \end{array} \\ \begin{bmatrix} 1-\alpha & \alpha \\ \alpha & 1-\alpha \end{bmatrix} \end{array} \qquad \cdots\cdots(3 \cdot 55)$$

$\alpha$は雑音による誤りが発生する確率とみなせる．ここで，$\alpha$をパラメータとみたとき通信容量がどのようになるかを計算してみよう．

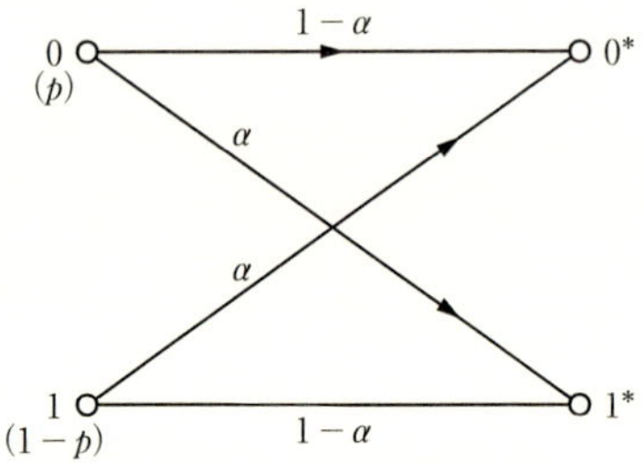

**図 3・24** 2元対称通信路

図 3·24 に示されるように送信記号 0 と 1 が互いに独立に発生するものとし，それぞれ確率を $p$ および $1-p$ とする．これを

$$\boldsymbol{A}=\begin{bmatrix}0 & 1\\ p & 1-p\end{bmatrix} \qquad \cdots\cdots(3\cdot56)$$

とおく．

受信記号の集合は，式(3·55),(3·56)より確率を計算でき，つぎのように与えることができる．

$$\boldsymbol{B}=\begin{bmatrix}0^* & 1^*\\ p(1-\alpha)+(1-p)\alpha & p\alpha+(1-p)(1-\alpha)\end{bmatrix}$$

まず，送信記号のエントロピー $H(\boldsymbol{A})$ は式(3·56)より，つぎのように表せる．

$$H(\boldsymbol{A})=-p\log_2 p-(1-p)\log_2(1-p) \qquad \cdots\cdots(3\cdot57)$$

一方，あいまい度 $H(\boldsymbol{A}\,|\,\boldsymbol{B})$ については，4つの条件付き確率が式(3·27)のようにベイズの定理を用いて

$$p(0\,|\,0^*)=\frac{p(1-\alpha)}{p(1-\alpha)+(1-p)\alpha}$$

$$p(1\,|\,0^*)=\frac{(1-p)\alpha}{p(1-\alpha)+(1-p)\alpha}$$

$$p(0\,|\,1^*)=\frac{p\alpha}{p\alpha+(1-p)(1-\alpha)}$$

$$p(1\,|\,1^*)=\frac{(1-p)(1-\alpha)}{p\alpha+(1-p)(1-\alpha)}$$

と計算される．これらを式(3·25)に代入して，つぎの結果を得る．

$$\begin{aligned}H(\boldsymbol{A}\,|\,\boldsymbol{B}) = &-p\log_2 p-(1-p)\log_2(1-p)\\&-\alpha\log_2\alpha-(1-\alpha)\log_2(1-\alpha)\\&+(p+\alpha-2p\alpha)\log_2(p+\alpha-2p\alpha)\\&+(1-p-\alpha+2p\alpha)\log_2(1-p-\alpha+2p\alpha)\end{aligned} \quad\cdots\cdots(3\cdot58)$$

式(3·57)，(3·58)をそれぞれ式(3·28)に代入して

$$\begin{aligned}I(\boldsymbol{A};\boldsymbol{B}) = &-(p+\alpha-2p\alpha)\log_2(p+\alpha-2p\alpha)\\&-(1-p-\alpha+2p\alpha)\log_2(1-p-\alpha+2p\alpha)\\&+\alpha\log_2\alpha+(1-\alpha)\log_2(1-\alpha)\end{aligned} \quad\cdots\cdots(3\cdot59)$$

を得る．

通信容量 $C$ は，式(3·30)に定義されているように，送信記号の確率 $p$ を変化させて得られる $I(\boldsymbol{A};\boldsymbol{B})$ の最大値である．そこで，式(3·59)を極大にする $p$ を求めてみよう．

$$\frac{dI(\boldsymbol{A};\boldsymbol{B})}{dp}=0$$

とおくと，つぎの関係が得られる．

$$\log_2\frac{(1-p)+\alpha(2p-1)}{p-\alpha(2p-1)}=0 \quad\cdots\cdots(3\cdot60)$$

式(3·60)を満足する $p$ は，明らかに

$$p=\frac{1}{2} \quad\cdots\cdots(3\cdot61)$$

であることがわかる．つまり，記号0と1の発生する確率が互いに等しいとき，平均相互情報量が最大となることを意味している．

式(3·61)を式(3·59)に代入して，通信容量はつぎのように求められる．

$$C = \mathrm{Max}\, I(\boldsymbol{A}; \boldsymbol{B}) = 1 + \alpha \log_2 \alpha + (1 - \alpha) \log_2 (1 - \alpha)$$

〔ビット/記号〕 ……(3·62)

さて，求められた通信容量が，通信路における誤りの確率 $\alpha$ が変化するにしたがってどのように変わるかが図 3·25 に示されている．誤りの確率 $\alpha$ が 1/2 のとき，つまりまったくデタラメに誤りが発生するとき，受信側に情報が全然伝達されないから通信容量は 0 になる．誤りの確率が 1 のとき，通信容量は最大値 1〔ビット/記号〕をとる．これは，誤りというより，通信路が $0 \to 1^*$ および $1 \to 0^*$ のように記号を反転させる否定回路の働きをするだけであり，途中で情報が失われることはないからである．

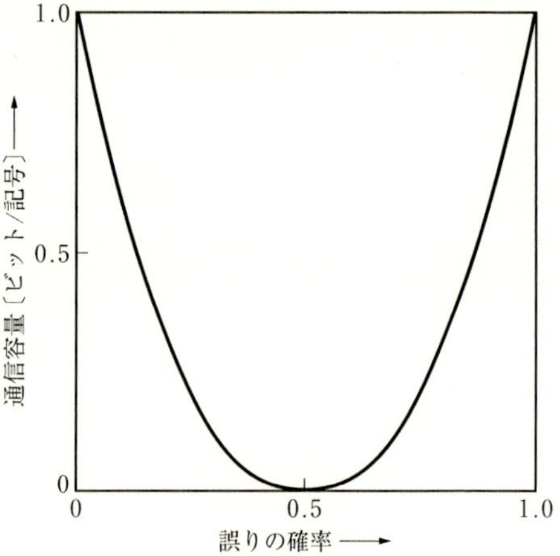


**図 3・25**　2 元対称通信路における誤りの確率と通信容量

**例題 3・8**

通信路行列 $\boldsymbol{P}$ がつぎのように与えられる 2 元消失通信路がある（$\alpha$ は誤りの確率）．

$$\boldsymbol{P} = \begin{array}{c} \\ 0 \\ 1 \end{array} \begin{array}{c} \begin{array}{ccc} 0^* & 1^* & X \end{array} \\ \begin{bmatrix} 1-\alpha & 0 & \alpha \\ 0 & 1-\alpha & \alpha \end{bmatrix} \end{array}$$

通信容量を求めよ．

**解** 送信記号0と1がそれぞれ独立に発生するものとし，つぎのようにおく．

$$\boldsymbol{A} = \begin{bmatrix} 0 & 1 \\ p & 1-p \end{bmatrix}$$

$\boldsymbol{A}$と通信路行列$\boldsymbol{P}$を用いて，受信記号$0^*$, $1^*$および$X$の確率を計算できる．すなわち

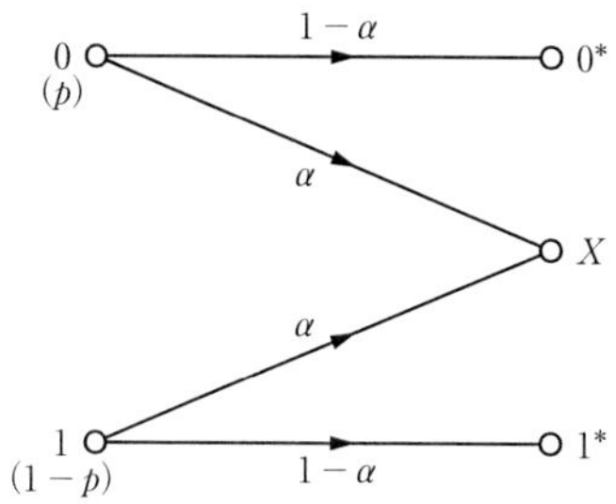


図3・26 2元消失通信路

$$\boldsymbol{B} = \begin{bmatrix} 0^* & 1^* & X \\ p(1-\alpha) & (1-p)(1-\alpha) & \alpha \end{bmatrix} \quad \cdots\cdots(3・63)$$

を得る．

平均相互情報量$I(\boldsymbol{A};\boldsymbol{B})$を求めるにあたって，ここでは少し趣向を変えて，式(2･63)を用いてみる※．まず，エントロピー$H(\boldsymbol{B})$は式(3･63)よりつぎのようになる．

$$\begin{aligned} H(\boldsymbol{B}) = & -p(1-\alpha)\log_2 p(1-\alpha) \\ & -(1-p)(1-\alpha)\log_2(1-p)(1-\alpha) \\ & -\alpha\log_2\alpha \end{aligned} \quad \cdots\cdots(3・64)$$

一方，条件付き確率はこの場合通信路行列そのもので与えられるから，条件付きエントロピー$H(\boldsymbol{B}\,|\,\boldsymbol{A})$は，次式となる．

$$\begin{aligned} H(\boldsymbol{B}\,|\,\boldsymbol{A}) = & -p(1-\alpha)\log_2(1-\alpha) \\ & -(1-p)(1-\alpha)\log_2(1-\alpha) \\ & -\alpha\log_2\alpha \end{aligned} \quad \cdots\cdots(3・65)$$

式(3･64)および式(3･65)より平均相互情報量はつぎのように与えられる．

$$\begin{aligned} I(\boldsymbol{A};\boldsymbol{B}) &= (1-\alpha)\{-p\log_2 p - (1-p)\log_2(1-p)\} \\ &= (1-p)H(\boldsymbol{A}) \end{aligned}$$

※ 確率の計算が楽になる場合が多い．

送信記号のエントロピー $H(\boldsymbol{A})$ の最大値は周知のように1ビット/記号であるから，この場合，通信容量はつぎのように求めることができる．

$$C = \mathrm{Max}\, I(\boldsymbol{A};\boldsymbol{B})$$
$$= 1 - \alpha \quad \text{〔ビット/記号〕} \qquad \cdots\cdots(3 \cdot 66)$$

終り

さきに考えた2元対称通信路の結果と例題3·8の結果を比較してみよう．ともに誤りの確率 $\alpha$ をパラメータとした形で，通信容量がそれぞれ式(3·62)および式(3·66)のように得られている．図3·27中の点線は，2元対称通信路の通信容量の変化を示している．例題3·5で考えた雑音のない2元通信路の通信容量は，この点線の $\alpha = 0$ における値，つまり1ビット/記号である．このことをはじめとして，誤りの確率 $\alpha$ が1/2でも消失通信路の通信容量は0にならないことなど，いくつか興味ある差異が認められるであろう．

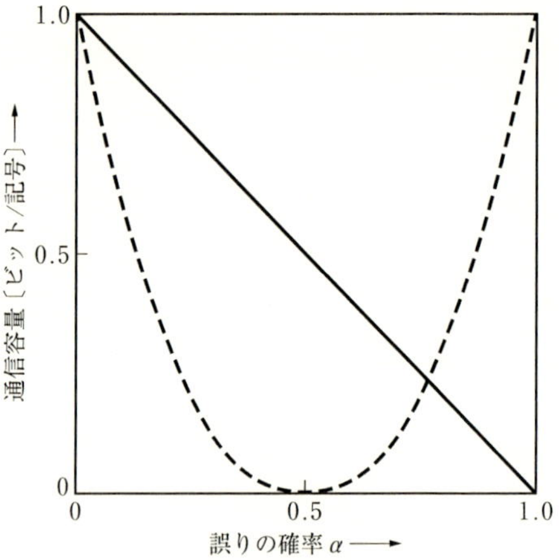


**図3・27** 2元消失通信路における誤りの確率と通信容量（点線は2元対称通信路）

ここまで，2元対称通信路を中心にして，雑音のある通信路の通信容量について考えてきた．ここでは，記号間の拘束がある場合などについて実際にあつかわなかったが，雑音のない通信路で考えたように，記号間の拘束が加われば当然通信容量が低下することが予想される．この傾向は，2元対称通信路以外の一般の通信路においても認められるであろう．一方，個々の記号の所要時間が異なる通信路の場合，伝送速度最大における1秒あたりの通信容量を決める送信記号の確率は，所要時間の長いものほど小さくなるという形式で与えられることは，雑音のある通信路においても同様であろう．

このように，雑音のある通信路の性質は，雑音のない通信路からのアナロジーによって理解できるものも多い．本節では，通信路というブラックボックスとして記号の伝達をモデル化し，その問題点を考えてきた．その結果，伝達し得る情報量の限界を示す通信容量という考え方に到達した．また，記号伝達の過程で，雑音による記号の誤りについて考え，通信容量におよぼす影響を調べた．

# 4 符　号　化

情報の伝達に際して，情報を担う記号系列を別の記号系列に変換しなければならないことがある．このような操作を“符号化”とよび，本章ではその能率と冗長度について考える．また，実際の情報伝送技術における具体的な符号化の問題を通信路との関連において考える．

## 4・1　能率と冗長度

### 4･1･1　記号系列の能率と冗長度

離れた土地に引っ越した親しい友人宅を訪れるにあたって，最寄りの JR 駅で友人と落ちあって駅周辺の町並みの中を一緒に散策しながら友人宅に向かいたいと思ってつぎのようなメールを送った．

「20 日正午に駅に着くので，駅で待っていて．」

もし，相手が友人ではなく，目上の年長者だとして昔流に手紙を書いて連絡するとすれば，どういう手紙文になるだろうか．たとえば，つぎのような文章

「……20 日正午に駅に到着いたしますが，なにぶん土地
不案内なものですので，駅でお待ちいただけるなら幸い
でございます……」

を中央部におき，最上段に時候の挨拶，最下段にはむすびの文章を入れて手紙文にするのがふつうのスタイルになるだろう．

メール文と手紙文の伝達する情報が同一であるにもかかわらず，一方は極めて簡潔であり，他方は極めて冗長である．記号系列がもって

いるこのような特質を定量的に論ずるため，以下のように考えよう．

$r$ 種類の記号 $A_1, A_2, \cdots\cdots, A_r$ から構成されている記号系列があるとする．この記号系列の1記号あたりの平均情報量つまりエントロピーが $H$〔ビット/記号〕であることがわかっているとき，記号系列の“簡潔さ”を示す量 $e$ をつぎのように定義する．

公式 $$e = \frac{H}{\log_2 r} \qquad \cdots\cdots(4\cdot1)$$

分母の $\log_2 r$ は，$r$ 種類の記号が互いに独立に発生する情報源から生成する記号系列の最大エントロピーである※．したがって $H$ は，$\log_2 r$ を越えることはないから

$$0 \leqq e \leqq 1$$

である．ここで，$e$ を記号系列の**能率**※※ とよぶことにする．

マルコフ情報源で考えたように，記号間の拘束が強まれば強まるほど，記号系列のエントロピー $H$ は低下していく．$H$ が小さくなれば，式(4·1)から能率は下がる．“簡潔さ”の尺度である能率は，1つひとつの記号の情報量が平均として理論上考え得る最大値と比較してどのくらいの割合になるかを示しているので，記号間の拘束が強い記号系列では当然能率が下がるわけである．メール文は手紙に比べてはるかに字数（記号の数）が少ないから1字1字のもつ情報量は平均として非常に大きく，能率は高い．一方，能率が低いとみられる手紙の文章は，それを構成する記号間の拘束がメール文に比べてはるかに強く，手紙という記号系列の“冗長さ”を生み出していると考えられる．

そこで，能率がその最大値1よりどれだけ小さいかを示す値を**冗長度**とし，つぎのように定義しよう．

公式 $$\text{冗長度} = 1 - \text{能率} \qquad \cdots\cdots(4\cdot2)$$

---

※ 式(2·41)参照．

※※ 相対エントロピーともよばれる．

冗長度はさきに述べたことから，記号系列における記号間の拘束が強まるにつれ，大きくなっていく．別の見方をすれば，記号系列の“秩序”を反映した量とも考えることができる．たとえば，有名な柿本人麿の歌

**「あしびきの山鳥の尾のしだり尾のながながし夜をひとりかもねむ」**

は，大部分が枕詞や後半にある「ながながし夜をひとりかもねむ」を形容するための語句から成り立っている．このため，メール文など，能率の高い文に比較して確かに冗長度は大きいけれども，その代償として美しいリズム感や文の“まとまり”の良さなど，整然とした秩序によって生まれる芸術性を感じさせる．

一方，冗長度の大きい記号系列は１つひとつの記号の情報量が平均として小さいため，いくつかの記号が欠落するなど，たとえ誤りが発生したとしても，その影響を受けにくいという特長を備えている．冗長度の小さいメール文では，情報の伝達において１つの記号の誤りが致命的な打撃を与えることがしばしばあることに比べて，対照的な特質であるといえる．このような冗長度の効用は，技術的にも活用される場面が多く，大変重要な意味をもっている．

### 4・1・2　符号化と能率

一般に，ある記号系列を別の記号系列に変換することを**符号化**※といい，新しい記号系列を**符号**という．符号化の方法はいくつかあるが，最もポピュラーなものは**ブロック符号化**である．ブロック符号化はもとの記号系列を一定個数ごとの**ブロック**に区切り，各ブロックごとに，新しい記号のいくつかの配列からなる**符号語**を対応させていくやり方である．たとえば，$A_1$ から $A_8$ までの８種類の記号からなる記

※　符号からもとの記号系列を復元することを**復号化**という．

号系列を0と1の2種類の記号からなる新しい記号系列に符号化する場合

$$A_1 = 0\ 0\ 0$$
$$A_2 = 0\ 0\ 1$$
$$\vdots$$
$$A_8 = 1\ 1\ 1$$

のように，各記号ごとに3桁の2進数を対応させる方法が考えられる．この場合，ブロックは1個の記号そのものであり，とくに**記号単位のブロック符号化**とよぶことにする．

ここで，“0 0 0”あるいは“0 0 1”などを符号語とよび，とくに，この場合のように0と1という2種類の記号が用いられる符号は**2元符号**とよばれている．

さらに，符号語を構成している記号の数を**符号語の長さ**とよぶ．ブロック符号化を行う場合，一般には各符号語について長さは必ずしも一定でなくてもよい．たとえば，表4·1のように符号語を構成することもできる．この例では，各記号 $A_i$ $(i = 1, \cdots, 8)$ ごとに長さの異なる符号語を対応させながら符号化を行うわけであるが，この符号は途

**表4・1**　長さの異なる2元符号語

| 記　号 | 2 元 符 号 語 | 長　さ |
|---|---|---|
| $A_1$ | 0 | 1 |
| $A_2$ | 0 1 | 2 |
| $A_3$ | 0 1 1 | 3 |
| $A_4$ | 0 1 1 1 | 4 |
| $A_5$ | 0 1 1 1 1 | 5 |
| $A_6$ | 0 1 1 1 1 1 | 6 |
| $A_7$ | 0 1 1 1 1 1 1 | 7 |
| $A_8$ | 0 1 1 1 1 1 1 1 | 8 |

中に誤りが発生しない限り，もとの記号系列に**復号化**できる※．符号語の先端にはすべて0が配置されているので，これを目印に1つひとつの符号語を分離できるからである．通常復号化できない符号は意味がないと考えられるから，本書ではそのような特殊なものは除外する．

さて，一般には上に述べたように符号語の長さは一定ではない．そこで，この平均値をつかんでおくと便利である．ここでは，記号単位のブロック符号化の場合について平均値を求めてみよう．

$n$ 種類の記号 $A_i\ (i = 1, \cdots, n)$ からなる記号系列を，記号ごとに $r$ 種類の記号からなる符号語を割りあてる．いま，記号 $A_i$ に対応する符号語をつぎのように $X_i$ としよう．

$$A_i = X_i \quad (i = 1, \cdots, n) \qquad \cdots\cdots(4\cdot3)$$

$X_i$ の長さが $l_i$ であるとき，**平均符号語長** $L$ はつぎのように与えることができる．

公式
$$L = \sum_{i=1}^{n} p(A_i) l_i \qquad \cdots\cdots(4\cdot4)$$

ただし，$p(A_i)$ は記号 $A_i$ が発生する確率である．符号語 $X_i$ が発生する確率は，明らかに $p(A_i)$ に一致するから，式(4・4)が $l_i$ の平均値を与えることは容易に理解できるだろう※※．

平均符号語長は，符号化に要する平均的な時間を計る目安となる．また，符号化の費用の目安とも考えられる[10]．与えられた平均符号語長 $L$ を用いて，符号となった記号系列（$r$ 種類の記号からなる）の能率を計算することができる．

いま，$n$ 種類の記号 $A_i\ (i = 1, \cdots, n)$ からなるもとの記号系列の1記号あたりのエントロピーが $H$〔ビット/記号〕であるとする．符号

---

※　**一意的に復号化可能である**という．

※※　一般には，式(4・3)の $A_i$ を1つのブロックと解釈すればよい．

化は式(4·3)に示されるように，記号 $A_i$ に符号語 $X_i$ を 1 対 1 に対応させて行われたから，符号の**1 語あたり**のエントロピーは，明らかに $H$〔ビット/語〕である．これを 1 記号あたりのエントロピーに換算すれば

$$\frac{H}{L}\text{〔ビット/記号〕}$$

となる．符号は，$r$ 種類の記号からなる記号系列であるから理論上の最大エントロピーは $\log_2 r$〔ビット/記号〕である．そこで，式(4·1)を参考にすれば，符号となった記号系列の能率はつぎのように与えられる．

公式
$$e = \frac{H}{L \log_2 r} \qquad \cdots\cdots(4 \cdot 5)$$

式(4·5)の $e$ を，とくに**符号化の能率**という．$1 - e$ によって冗長度が得られることはもちろんである．符号化の能率は，与えられた符号化法が生み出す符号の能率を示しているから，符号化法の特質を判断する目安ともなる．

2 元符号の場合，$r = 2$ であるから符号化の能率は

$$\frac{H}{L} \qquad \cdots\cdots(4 \cdot 6)$$

となり，平均符号語長 $L$ が小さくなればなるほど能率は高くなる（冗長度は小さくなる）．

**例題 4・1**

4 種類の記号からなる情報源

$$\boldsymbol{A} = \begin{bmatrix} A_1 & A_2 & A_3 & A_4 \\ \dfrac{1}{2} & \dfrac{1}{4} & \dfrac{1}{8} & \dfrac{1}{8} \end{bmatrix}$$

から発生する記号系列について，表 4·2 に示すように記号単位のブロック符号化を行う．

表4・2 符号化表

| 記号 | 符　号　語 | 記号 | 符　号　語 |
|---|---|---|---|
| $A_1$ | 0 | $A_3$ | 0 1 1 |
| $A_2$ | 0 1 | $A_4$ | 0 1 1 1 |

このとき，符号化の能率を計算せよ．

**解** もとの記号系列つまり情報源 $\boldsymbol{A}$ の1記号あたりのエントロピー $H$ はつぎのように計算できる．

$$H = -\frac{1}{2}\log_2\frac{1}{2} - \frac{1}{4}\log_2\frac{1}{4} - \frac{2}{8}\log_2\frac{1}{8} = \frac{7}{4} \text{ ビット/記号}$$

記号 $A_i\ (i = 1, \cdots, 4)$ に対応する符号語を $X_i$ とすると，$X_i$ の長さ $l_i$ は表4·2より，それぞれ

$$l_1 = 1, \quad l_2 = 2, \quad l_3 = 3, \quad l_4 = 4$$

であるから，平均符号語長 $L$ は式(4·4)を用いてつぎのように計算される．

$$L = \frac{1}{2}\times 1 + \frac{1}{4}\times 2 + \frac{1}{8}\times 3 + \frac{1}{8}\times 4 = \frac{15}{8}$$

2元符号であるから $r = 2$，したがって式(4·6)より符号化の能率は

$$\frac{H}{L} = \frac{7\times 8}{15\times 4} = 0.93$$

となる．

**終り**

例題4·1は，符号語の長さが一定でない符号化の例であるが，計算された能率は決して低い値を示してはいない．この理由は，傾向として，確率の大きい記号にはより短い符号語が割りあてられているため，全体として平均符号語長が小さくなっているからである．これは，能率の高い符号を得る符号化の基本原理である．

## 4・2　符号化と通信路

### 4·2·1　情報伝送と符号化

符号化は，通信工学あるいは情報伝送技術の発達史の中で考えられ，発展した．与えられた伝送路を使って，いかに誤りなく高速に情報伝送をするかはつねに重大な問題である．電気的伝送系を使って情報伝送を行うという工学的技術は，3章で考えた通信路による情報伝達という問題のはっきりした具体例の1つである．通信路は，周知のように送信記号と受信記号および両者の授受特性を示す通信路行列によって表現される記号伝達のモデルである．情報伝送という具体例を考える場合，通信路行列は，電気的伝送系を“信号”がいかに正しく伝達されていくかという伝達特性を意味することになる．

いま，このような伝送系を通して，ある情報つまり記号系列を伝達しようとすれば，記号系列を伝送系固有の**信号**に変換することが必要となるだろう．この操作を“通信路”の観点からながめると，与えられた記号系列を送信記号の系列に変換すること，すなわち符号化を行うことにほかならない．

情報伝送の典型的なモデルは，1つの情報源，およびそこから発生する記号系列を通信路の送信記号の系列に変換する符号化器，さらに受信側で受けとられる受信記号の系列からもとの記号系列を復元する復号化器などによって構成される（図4·1）．

図4·1の情報伝送において，符号化に課せられる要求はつきつめるとつぎの2点に集約される．

①　**高速に情報伝送を行える**

②　**誤りが少ない**

この2つの要求はかなり漠然としたものであるが，これらに明確な解答を与えたのは，情報理論の創始者ともいえるシャノン（C. E.

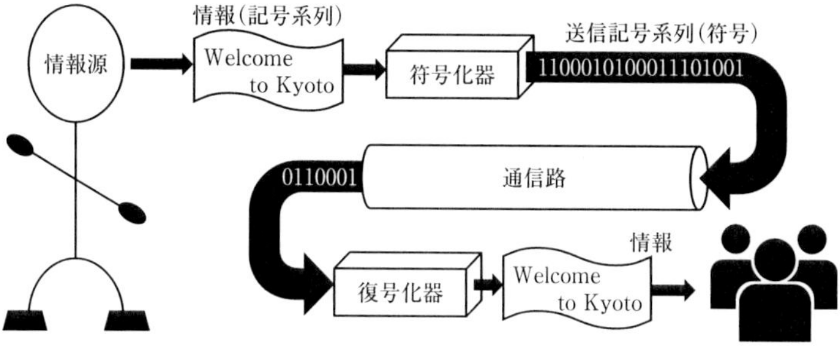


図 4・1　情報伝送系のモデル

Shannon）である[2)].

### 4·2·2　シャノンの第 1 定理

与えられた通信路を通してできる限り高速に情報伝送を行うためには，符号（送信記号からなる記号系列）の 1 秒あたりのエントロピーをできる限り大きくする必要がある．いま，通信容量が $\widehat{C}$〔ビット/秒〕である通信路を通して，1 記号あたりのエントロピーが $H$〔ビット/記号〕である情報源から発生する記号系列を符号化して伝送することを考える．通信路に雑音のない場合，1 秒あたりに伝送できる情報源の記号数はどれ位になるだろうか．これは当然符号化の方法に依存するわけであるが，シャノンは**雑音のない通信路の基本定理**としてつぎのように解答を与えている．

**【定理 1】** 通信容量 $\widehat{C}$〔ビット/秒〕である通信路を通して，$H$〔ビット/記号〕のエントロピーをもつ記号系列を伝送する場合，記号を 1 秒あたり $\widehat{C}/H$〔個〕にいくらでも近い割合で伝送できる符号化法が存在する．

定理 1 は**シャノンの第 1 定理**とよばれる（証明は省略する）．ここでは，この定理の意味するところを図 4·1 に示した情報伝送を念頭において少し掘り下げて考えることにしよう．

いま，与えられた雑音のない通信路において，簡単のため所要時間が等しく $\tau$ である $r$ 種類の送信記号が用いられているものとする．送信記号の系列の最大エントロピーが $\log_2 r$〔ビット/記号〕で与えられる場合，式(3·31)および式(3·36)より，通信容量 $\widehat{C}$ はつぎのように表すことができる．

$$\widehat{C}=\frac{\log_2 r}{\tau}\quad〔ビット/秒〕 \qquad \cdots\cdots(4\cdot 7)$$

さて，ある符号化によってこの通信路を通して伝送できる情報源の記号数を 1 秒あたり $x$ 個とする．情報源のエントロピーを $H$〔ビット/記号〕とすると，"符号" となった送信記号の系列の 1 記号あたりのエントロピー $H'$ はつぎのように与えられる．

$$H'=H\cdot x\cdot\tau\quad〔ビット/記号〕 \qquad \cdots\cdots(4\cdot 8)$$

式(4·1)よりこの符号の能率 $e$ は

$$e=\frac{H'}{\log_2 r} \qquad \cdots\cdots(4\cdot 9)$$

である．式(4·7)～(4·9)を用いてつぎの式を得る．

$$e=\frac{Hx}{\widehat{C}} \qquad \cdots\cdots(4\cdot 10)$$

ここで，式(4·10)において，$x\to\widehat{C}/H$ とすれば，明らかに $e\to 1$ であるから，シャノンの第 1 定理は**限りなく能率を 1 に近づける**符号化法の存在を示唆していることになる．実際，シャノンは後に述べるように能率の高い符号を得る 1 つの具体的な方法を提案しているが，第 1 定理に関連して情報伝送を高速に行おうとすることが，このように能率の高い符号化の追求に帰着することは注目しなければならない．

### 4・2・3　シャノンの第2定理

第1定理では，雑音のない通信路でどのくらい高速に情報伝送ができるかについて，その限界が与えられた．さきに述べたように，符号化に課せられたもう1つの要求は，誤りをできる限り少なくして情報伝送を行うということである．誤りを考える以上，通信路は雑音のある通信路を前提とすることになるが，シャノンはこの問題に対する解答として，つぎの**雑音のある通信路の基本定理**を与えている．

**【定理2】** 通信容量 $\widehat{C}$〔ビット/秒〕である通信路を通して，1秒あたりのエントロピーが $\widehat{H}$〔ビット/秒〕※ である情報源から発生する記号系列を伝送する場合

$$\widehat{H} < \widehat{C}$$

ならば，誤りの確率をいくらでも0に近づけられる符号化法が存在する．

**シャノンの第2定理**とよばれているこの定理は，送信記号が誤って受信されることが起こり得る通信路，つまり雑音のある通信路でも，符号化を工夫すれば情報源の記号をほとんど誤りなく伝送できることを保証している．これを表面的に考えると，雑音の影響を回避して誤りをなくすことは本質的に不可能な気がするのであるが，この定理はそれが可能であると主張しているのである．厳密ではないが直感的に理解しやすい証明を少し長くなるが以下に示そう．

**証明**

通信容量 $\widehat{C}$ は，式(3・26)および式(3・27)より，1秒あたりの平均相互情報量の最大値として与えられるが，このときの送信記号のエントロピーを $\widehat{H}(\boldsymbol{A}_0)$，あいまい度を $\widehat{H}(\boldsymbol{A}_0 \mid \boldsymbol{B}_0)$ とすると

$$\widehat{C} = \widehat{H}(\boldsymbol{A}_0) - \widehat{H}(\boldsymbol{A}_0 \mid \boldsymbol{B}_0) \quad \text{〔ビット/秒〕} \qquad \cdots\cdots(4 \cdot 11)$$

※　情報源の記号の所要時間を決めれば1記号あたりのエントロピーを用いて換算できる．

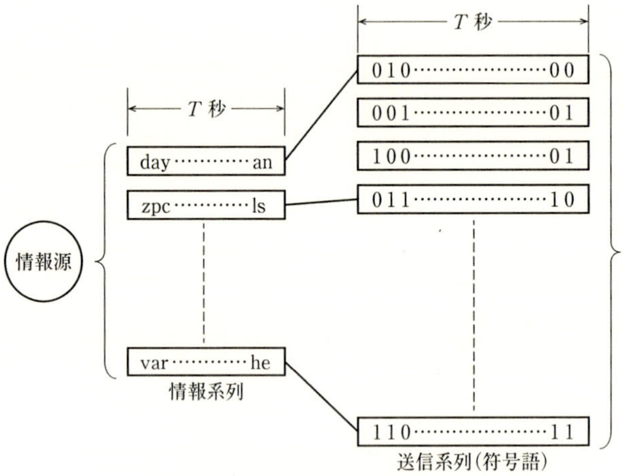


**図4・2** 情報系列と送信系列（符号語）との対応関係
（$T$ 秒間で情報源から生成する情報系列を同じく $T$ 秒間で生成する送信系列の1つに対応させる）

のように与えられる．ただし，$\boldsymbol{A}_0$，$\boldsymbol{B}_0$ はそれぞれ平均相互情報量が最大になるときの送信記号，受信記号の系を示すものとする．証明の骨組みをなす符号化の方法として，図4·2のように $T$ 秒間で情報源から生成する記号系列（以下 **"情報系列"** という）を，同じく $T$ 秒間で発生させ得る送信記号の系列（以下 **"送信系列"** という）の1つに対応させるやり方を用いる※.

いま，情報源の1秒あたりのエントロピーを $\widehat{H}$〔ビット/秒〕とすれば，$T$ 秒間に生成する情報系列の総数 $N$ はどれくらいであろうか．$T$ が十分大きいとき，**大数の法則**により各情報系列の出現する確率は等しく $1/N$ になるはずであるから，1つの情報系列の情報量は

$$-\log_2 \frac{1}{N} = \log_2 N \quad 〔ビット〕$$

※ ブロック符号化．送信系列は符号語である．

である．一方，1秒あたり $\widehat{H}$〔ビット〕のエントロピーをもっているから，$T$ 秒間で生成する1つの情報系列の情報量は

$$T\widehat{H} \quad 〔ビット〕$$

とも表現できる．そこでつぎのような等式を得る．

$$\log_2 N = T\widehat{H} \qquad \cdots\cdots(4\cdot12)$$

式(4·12)より，$T$ 秒間で生成する情報系列の総数 $N$ はつぎのように与えられる．

**公式** $$N = 2^{T\widehat{H}} \qquad \cdots\cdots(4\cdot13)$$

同様にして，$T$ 秒間に発生し得る送信系列の総数 $M$ が

$$M = 2^{T\widehat{H}(A_0)} \qquad \cdots\cdots(4\cdot14)$$

となることは容易に理解できる．

情報系列の1つを伝送するため，1つの送信系列をその符号として用いるわけであるが，通信路には雑音があるので，伝送途中でいくつかの記号に誤りが発生し，一般には全然別の受信記号の系列（以下 **“受信系列”** という）に転化してしまう（図4·3）．このままでは，正しい情報伝送はできないから特別の工夫が必要になる．以下のように考えてみよう．

1つの受信系列を発生させる可能性のある送信系列は，上に述べたことから複数個あることになるが，その総数 $K$ を式(4·12)にならって調べてみる．時間 $T$ が十分大きければ，1つの受信系列を受けとった

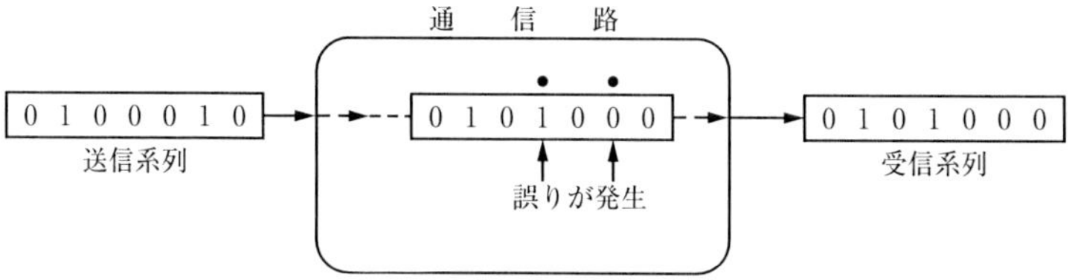


**図4・3** 通信路における誤りの発生
（誤りが発生すると全然別の受信系列に転化してしまう）

とき，$K$ 個の送信系列のうちどれが送られたかについては等しく確からしく，すべて確率 $1/K$ である．したがって，送信系列あたりのエントロピーは $\log_2 K$ となる．一方，受信側からみたときの送信記号に関する1秒あたりのエントロピー（あいまい度）は $\widehat{H}(\boldsymbol{A}_0 \mid \boldsymbol{B}_0)$ であるから，$T$ 秒間で生成する送信系列の系列あたりのエントロピーは $T\widehat{H}(\boldsymbol{A}_0 \mid \boldsymbol{B}_0)$ である．ここで等式

$$\log_2 K = T\widehat{H}(\boldsymbol{A}_0 \mid \boldsymbol{B}_0)$$

を得る．この式よりただちに総数 $K$ がつぎのように得られる．

$$K = 2^{T\widehat{H}(\boldsymbol{A}_0 \mid \boldsymbol{B}_0)} \qquad \cdots\cdots(4\cdot15)$$

$K$ は，1つの受信系列を受けとったとき，受信側で**区別できない**送信系列の総数と考えることができる．このように区別できない送信系列の集団を**付着グループ**とよぶことにする．図4·4に示すように，1つの受信系列に1つの付着グループが対応することになるが，互いに送信系列を共有しない付着グループはいくつ取れるであろうか？　式

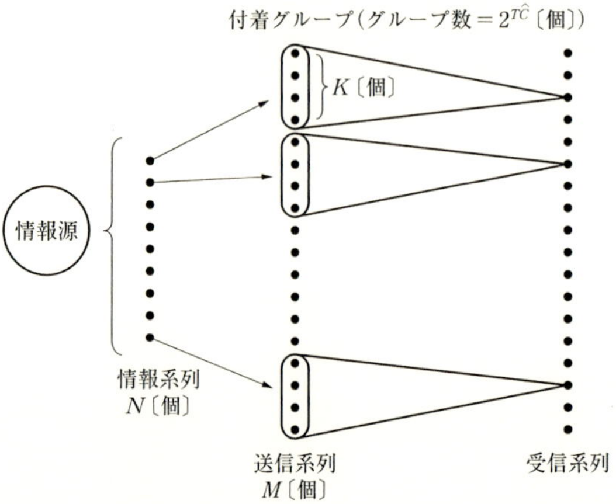


**図4・4**　情報系列，付着グループ，および受信系列の対応関係
（●は記号系列を示す）

(4·11)および式(4·14)より

$$
\begin{aligned}
M &= 2^{T\widehat{C}} \cdot 2^{T\widehat{H}(\boldsymbol{A}_0 | \boldsymbol{B}_0)} \\
&= 2^{T\widehat{C}} \cdot K \qquad \cdots\cdots(4\cdot16)
\end{aligned}
$$

となるから，送信系列の全体は $2^{T\widehat{C}}$〔個〕の付着グループに分割できることがわかる．

さて，1つの情報系列を伝送する場合，1つの付着グループからただ1つの送信系列を選んで符号とすれば，誤りなく伝送できることがわかるが，情報系列の総数 $N$ が付着グループの総数 $2^{T\widehat{C}}$ より大きければこの方法を実現することができない．しかし，定理2の条件

$$
\widehat{H} < \widehat{C} \qquad \cdots\cdots(4\cdot17)
$$

より，このような不都合が起こらないことは，つぎのように明らかである．

$$
N = 2^{T\widehat{H}} < 2^{T\widehat{C}} \qquad \cdots\cdots(4\cdot18)
$$

式(4·18)によって，上に述べた方法が可能であることを確認したわけであるが，1つの付着グループから1つの送信系列を選び出す手順を定式化することは，はなはだ難しい．

そこで，総数 $M$〔個〕の送信系列の中から $N$ 個をランダムに選んでそれぞれを各情報系列の符号として割りあて（これを**ランダム符号化**という），結果として1つの付着グループからはただ1つの符号しか選ばれないことをただ期待するというやり方を考える（もちろん $M > N$ である）．

このような符号化によって，1つの情報系列を伝送する場合，誤りの確率をつぎのように計算することができる．

ある情報系列の符号として1つの送信系列が選ばれるとき，この送信系列は当然1つの付着グループに属することになる．誤

りが発生するのは，この付着グループのうち残る $K-1$ 個のどれかが他の情報系列の符号として選ばれる場合である．1つの送信系列が符号に選ばれる確率は $N/M$ であるから，誤りの確率 $P$ はつぎのように計算される．

$$\begin{aligned} P &= \frac{N}{M}(K-1) \\ &\fallingdotseq \frac{N \cdot K}{M} \\ &= \frac{2^{T\widehat{H}} \cdot 2^{T\widehat{H}(A_0 | B_0)}}{2^{T\widehat{H}(A_0)}} \\ &= 2^{-T(\widehat{C}-\widehat{H})} \end{aligned}$$

ここで，条件式(3·14)より $\widehat{C}-\widehat{H}>0$ であるから，$T \to \infty$ とすれば

$$P \to 0$$

となり，時間 $T$ を十分大きくすれば，誤りの確率は限りなく0に近づくことになる．　**証明終り**

以上で第2定理が証明されたわけであるが，証明に用いられた符号化法はあくまで**仮想的**なものであり，現実的なものではない．しかし，誤りのない情報伝送を可能にする実用的な符号化法を考えていくうえで，大いに示唆に富む内容を含んでいるといえる．

証明に用いられたランダム符号化で最も重要なことは，総数 $M$〔個〕の送信系列のうち符号として採用するのは $N$〔個〕のみで，他はすべて切り捨てるという点にある．1つひとつの送信記号が独立に発生し得る通信路と仮定して，この場合の符号の能率を調べてみよう．

式(4·1)を拡張すると，系列当たりのエントロピーを用いて能率を計算することができる．ここで，最大エントロピーは，送信系列をす

べて符号として用いたときの系列当たりの情報量 $\log_2 M$〔ビット/系列〕であるが，実際には $N$ 個しか符号として用いないわけであるから，能率 $e$ はつぎのようになる．

$$e = \frac{\log_2 N}{\log_2 M} = \frac{\widehat{H}}{\widehat{H}(\boldsymbol{A}_0)} \qquad \cdots\cdots(4 \cdot 19)$$

さて，能率 $e$ を用いて冗長度をつぎのように計算できる．

$$\text{冗長度} = 1 - e = \frac{\widehat{H}(\boldsymbol{A}_0) - \widehat{H}}{\widehat{H}(\boldsymbol{A}_0)} = \frac{\widehat{H}(\boldsymbol{A}_0 \,|\, \boldsymbol{B}_0) + \widehat{C} - \widehat{H}}{\widehat{H}(\boldsymbol{A}_0)} \qquad \cdots\cdots(4 \cdot 20)$$

いま，$\widehat{C} - \widehat{H} = \varepsilon$ $(>0)$ とおくと，式(4·20)が意味するところは，ランダム符号化が，通信路のもつあいまい度を $\varepsilon$ だけ上回る割合で符号に冗長度をもたせている点にある．すなわち，$M - N$〔個〕の送信系列を切り捨てたことは，ちょうど**あいまい度を相殺する量の冗長度**を符号にもたせていることになるわけである．

雑音のある通信路を通して，誤りの少ない情報伝送を可能にする符号化の基本原理が，冗長度をもたせるという点にあることを確認した．しかし，ただ無原則に冗長度をもたせてしまうと，符号の誤りに対する抵抗力が改善されないばかりか単に伝送の速度を下げるだけという結果を招くこともまた事実である．この問題については符号に対する冗長度のもたせ方を考える必要がある（4·4 節に詳述する）．

## 4・3　能率の高い符号化法

### 4·3·1　シャノン-ファノの符号化法

第 1 定理は，雑音のない通信路で，情報伝送をいかに高速に行えるかについて述べたものであった．さらに，この定理は，能率が限りなく1に近い符号化法の存在を主張していることも理解した．本項では，与えられた情報源から発生する記号系列を能率の高い2元符号に変換するブロック符号化の一方法を紹介しよう．これは，**シャノン-ファノ**（Shannon-Fano）**の符号化法**とよばれている有名な方法である．

例題4·1で調べたように，能率を高くする原理は，出現する確率の大きい記号ほど短い符号語を割りあてることであるが，シャノン-ファノの符号化法はこの原理を順序だててうまく実現する手順を与えるものである．

いま，つぎのような情報源 $\boldsymbol{A}$ が与えられたとする．

$$\boldsymbol{A} = \begin{bmatrix} A_1 & A_2 & \cdots & A_n \\ p_1 & p_2 & \cdots & p_n \end{bmatrix} \qquad \cdots\cdots(4 \cdot 21)$$

情報源 $\boldsymbol{A}$ から発生する $n$ 種類の記号 $A_1, \cdots, A_n$ にそれぞれ適当な2元符号語を割りあてるため，シャノン-ファノの符号化の第1段階では，$n$ 種類の記号を**確率の大きさの順に並べ替える**．式(4·21)の各記号を確率の順に並べ替えたものをつぎのように示すことにする．

$$\boxed{\begin{matrix} a_1 & a_2 & \cdots & a_n \\ p(a_1) & p(a_2) & \cdots & p(a_n) \end{matrix}} \qquad \cdots\cdots(4 \cdot 22)$$

ここで，$a_i$ $(i = 1, \cdots, n)$ は $A_1, \cdots, A_n$ のどれかである．さらに

$$p(a_1) \geqq p(a_2) \geqq \cdots \geqq p(a_n)$$

であることは当然である．

つぎに重要な操作は，記号群を確率の和がほぼ等しくなるところで**2分割**することである．式(4·22)の記号群を，それぞれの確率の和がほぼ等しくなるところ（たとえば $a_j$ と $a_{j+1}$ の間としよう）で，左右に2分割する．すなわち

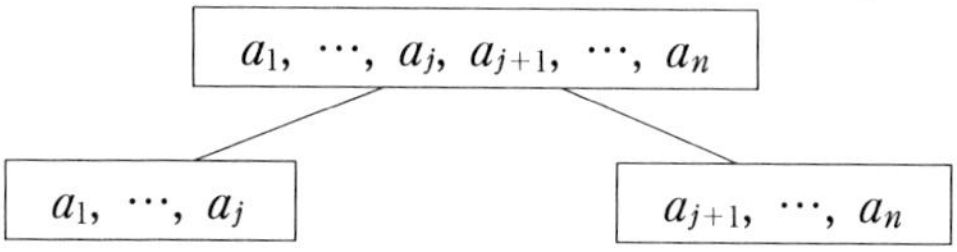


のように2群に分割するのである．

2分割によって得られた2群をそれぞれ再び2分割する．この操作をくり返し，すべての群が記号単位に分割され，もうそれ以上2分割できないところまで続ける．こうした2分割の反復過程は，“節点”と“端点”から成り立つ，いわゆる**木構造**で表現できる．最初に分割の対象になる式(4･22)の記号群は最上位の節点である．2分割で現れる分割可能な記号群を**節点**といい，分割できない記号の場合を**端点**という．上位の節点から2分割で現れる2つの節点（または端点）へと分岐を表す直線（“**枝**”という）を描く．

ここで，最上位の節点から左右に枝が分かれるごとに左には0，右には1をつぎつぎに割りつけていくと，情報源の各記号が対応する端点に2元符号語が得られる．このようにして，シャノン‐ファノの符号化は完了する．

いま，$n = 5$である情報源

$$\boldsymbol{A} = \begin{bmatrix} A_1 & A_2 & A_3 & A_4 & A_5 \\ \dfrac{1}{16} & \dfrac{1}{2} & \dfrac{1}{8} & \dfrac{1}{16} & \dfrac{1}{4} \end{bmatrix}$$

を具体例として考えてみよう．まず，5つの記号を確率の大きさの順に並べ替えてみるとつぎのようになるであろう．

$$\boxed{\begin{matrix} A_2 & A_5 & A_3 & A_1 & A_4 \\ \dfrac{1}{2} & \dfrac{1}{4} & \dfrac{1}{8} & \dfrac{1}{16} & \dfrac{1}{16} \end{matrix}} \qquad \cdots\cdots(4\cdot23)$$

式(4･23)は式(4･22)の具体例である．図4･5に示されるように，式(4·23)の記号群に2分割を繰り返して**符号の木**を得る．その結果，表4·3のように符号化される．

このとき，符号語の長さは一定ではないが，たとえばつぎのように明確に符号語を分離できることから，復号化できることはもちろんである．

| | | | | | |
|---|---|---|---|---|---|
| 1 0 | 1 1 1 1 | 0 | 1 0 | 0 | 1 1 1 0 |
| $A_5$ | $A_4$ | $A_2$ | $A_5$ | $A_2$ | $A_1$ |

なお，分離の仕方は一意的である．

しかし，もし上の2元符号の伝送中に誤りがつぎのような2か所（・印のところ）に発生すると，致命的な打撃を受けてしまう．

| | | | | | |
|---|---|---|---|---|---|
| $1\ \dot{1}\ 1\ 1$ | 1 1 0 | $\dot{0}$ | 0 | 0 | 1 1 1 0 |
| $A_4$ | $A_3$ | $A_2$ | $A_2$ | $A_2$ | $A_1$ |

誤りに対する抵抗力がこのように弱いのは，能率の高さに対する代償であることはさきに述べたとおりである．

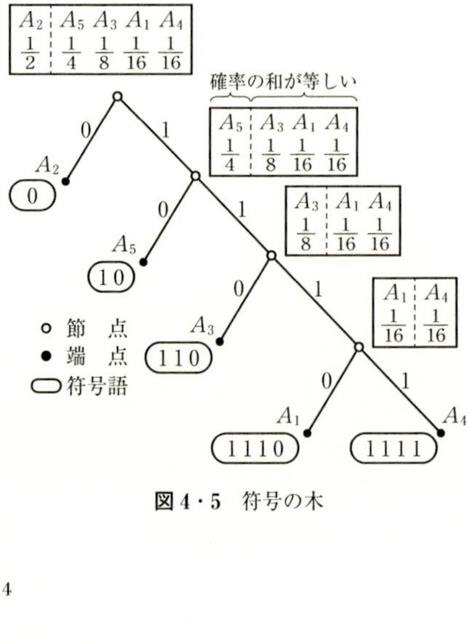


**図4·5**　符号の木

**表4·3**　符号化表

| 記号 | 符　号　語 | 長さ |
|---|---|---|
| $A_2$ | 0 | 1 |
| $A_5$ | 1 0 | 2 |
| $A_3$ | 1 1 0 | 3 |
| $A_1$ | 1 1 1 0 | 4 |
| $A_4$ | 1 1 1 1 | 4 |

**例題 4・2**

表 4·3 の符号化の能率を求めよ．

**解**　平均符号語長 $L$ はつぎのように求められる（式(4·4)参照）．

$$L=\frac{1}{2}\times 1+\frac{1}{4}\times 2+\frac{1}{8}\times 3+\frac{2}{16}\times 4=\frac{15}{8}$$

情報源 $\boldsymbol{A}$ のエントロピー $H$ は

$$H=-\frac{1}{2}\log_2\frac{1}{2}-\frac{1}{4}\log_2\frac{1}{4}-\frac{1}{8}\log_2\frac{1}{8}-\frac{2}{16}\log_2\frac{1}{16}$$
$$=\frac{15}{8}$$

となるから，式(4·6)より符号化の能率は明らかに 1 となる．すなわち，能率は 100%である．

**終り**

表 4·3 の符号化は，すべての 2 分割において，左右の確率の和が正確に等しいという例であった．このような例はむしろまれであり，左右の 2 群の確率が正確に等しくない場合のほうが一般的である．したがって，一般には必ずしも例題 4·2 のように能率が 100%というわけにはいかないが，シャノン-ファノの符号化法は常に能率の高い 2 元符号を順序だてて得る手順を与える方法の 1 つである※．

### 4·3·2　ハフマンの符号化法

能率の高いもう 1 つの符号化法に**ハフマン**（Huffman）**の符号化法**がある．この符号化法も，やはり能率を高める原理，すなわち出現する確率の大きい記号※※ほど短い符号語をあてるというやり方を，順

※　長さ $n$ のブロックごとにシャノン-ファノの符号化を行う場合，$n\to\infty$ で，能率はつねに 1 に近づくことが知られている．これは第 1 定理の裏づけを与えるものである．

※※　一般には一定長のブロックに符号語をあてる．

序だてて実現する手順を与えている．まずはその方法を紹介しよう．

シャノン-ファノの符号化法と同様，つぎの情報源 $\boldsymbol{A}$ から発生する記号にハフマンの符号化法によって2元符号語を割りあてる手順を述べよう．

$$\boldsymbol{A}=\begin{bmatrix} A_1 & A_2 & A_3 & A_4 & A_5 & A_6 \\ 0.13 & 0.3 & 0.15 & 0.07 & 0.25 & 0.1 \end{bmatrix} \qquad \cdots\cdots(4\cdot 24)$$

ここでも，重要な操作は，記号を**確率の大きさの順に並べ替えること**である．そこで，まず

$$\boxed{\begin{matrix} A_2 & A_5 & A_3 & A_1 & A_6 & A_4 \\ 0.3 & 0.25 & 0.15 & 0.13 & 0.1 & 0.07 \end{matrix}} \qquad \cdots\cdots(4\cdot 25)$$

を得る．ハフマンの符号化では，記号群の中で最も確率の小さい2つの記号を**統合**するという方法がとられる．式(4･25)の記号群では，$A_6$ と $A_4$ が統合の対象となり，形式的に新しい記号 $G_1$ がつぎのように生まれる．

$$G_1 = A_6 \cup A_4$$

$G_1$ の確率は，統合された2つの記号の確率の和として与える．すなわち

$$p(G_1) = 0.1 + 0.07 = 0.17$$

である．1回の統合によってみかけ上，記号の数は1つ減り，記号群は再び並び替えられる．

記号群に統合をくり返して，最終的に全部の記号が1つの記号に統合されてしまうところでこの操作は終了する．$n$ 個の記号群は，$n-1$ 回の統合によって1つの記号 $G_{n-1}$ に統合されることは明らかである．さて，このような統合の過程も，符号の**木**で表現することができる．式(4･25)の記号群を例にとると，図4･6のような符号の木が得られる．ただし，1回の統合において，2つの記号に対応する節点また

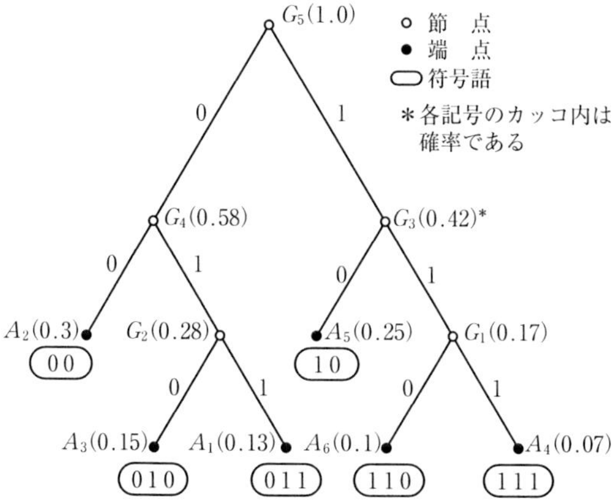


**図4・6** 符号の木

は端点はつねに確率の小さいほうを右側におくこととする（等しい場合はどちらでもよい）.

シャノン-ファノの符号化と同様に，最上部の節点から左側に 0，右側に 1 を各枝にふり分けていくと，$A_1$～$A_6$ の記号に対応する各端点上に，求める 2 元符号語が得られる．符号語の長さの順に整理すると表4·4のようになる.

**表4・4** 符号化表

| 記号 | 符 号 語 | 長さ |
|---|---|---|
| $A_2$ | 0 0 | 2 |
| $A_5$ | 1 0 | 2 |
| $A_3$ | 0 1 0 | 3 |
| $A_1$ | 0 1 1 | 3 |
| $A_6$ | 1 1 0 | 3 |
| $A_4$ | 1 1 1 | 3 |

一般に，有限の長さのブロックごとに符号語を割りあてる場合，ハフマンの符号化法は最も能率の高い符号を与えることが知られている．そのため，ハフマンの符号化は，**最適符号化**とよばれることがある.

**例題4・3**

つぎのように与えられる情報源 **A** の各記号に，シャノン-ファノおよびハフマンの符号化法を用いて 2 元符号語を割りあてよ．また，2 つの符号化の能率を比較せよ.

$$\boldsymbol{A} = \begin{bmatrix} A_1 & A_2 & A_3 & A_4 & A_5 & A_6 \\ 0.09 & 0.14 & 0.4 & 0.15 & 0.11 & 0.11 \end{bmatrix}$$

**解** まず，確率の大きさの順に記号群を並べ替えるとつぎのようになる．

| $A_3$ | $A_4$ | $A_2$ | $A_5$ | $A_6$ | $A_1$ |
|---|---|---|---|---|---|
| 0.4 | 0.15 | 0.14 | 0.11 | 0.11 | 0.09 |

シャノン-ファノおよびハフマンの符号化法により，この記号群にそれぞれ2分割および統合を繰り返すと，図4·7のような符号の木が得られ，表4·5のような符号語が得られる．

符号化の能率を求めるため，まず符号の1語あたりのエントロピー$H$を計算しよう．

$$\begin{aligned} H &= -0.4\log_2 0.4 - 0.15\log_2 0.15 - 0.14\log_2 0.14 \\ &\quad - 2\times 0.11\log_2 0.11 - 0.09\log_2 0.09 \\ &= 2.35\ \text{ビット/語} \end{aligned}$$

つぎに，シャノン-ファノおよびハフマンの符号化における平均

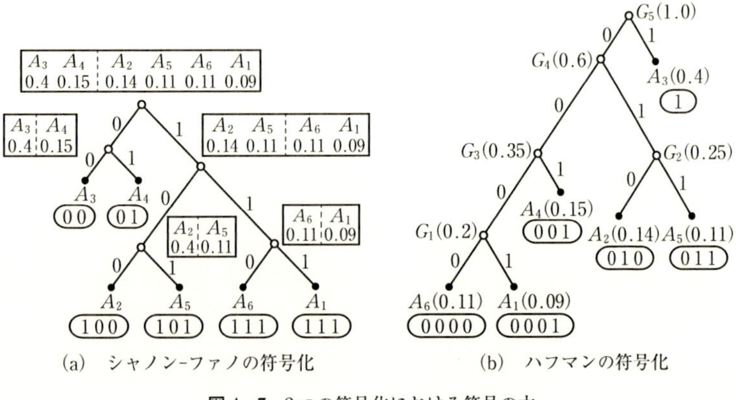


**図4·7** 2つの符号化における符号の木

表4・5　2つの符号化法による符号語

| 記　号 | シャノン-ファノの符号化法 | | ハフマンの符号化法 | |
|---|---|---|---|---|
| | 符　号　語 | 長　さ | 符　号　語 | 長　さ |
| $A_3$ | 0 0 | 2 | 1 | 1 |
| $A_4$ | 0 1 | 2 | 0 0 1 | 3 |
| $A_2$ | 1 0 0 | 3 | 0 1 0 | 3 |
| $A_5$ | 1 0 1 | 3 | 0 1 1 | 3 |
| $A_6$ | 1 1 0 | 3 | 0 0 0 0 | 4 |
| $A_1$ | 1 1 1 | 3 | 0 0 0 1 | 4 |

符号語長をそれぞれ $L$ および $L'$ とすると，表4·5を用いて以下のように求められる．

$$L = 0.4\times2+0.15\times2+0.14\times3+2\times0.11\times3+0.09\times3$$
$$= 2.45$$
$$L' = 0.4\times1+0.15\times3+0.14\times3+0.11\times3+0.11\times4+0.09\times4$$
$$= 2.40$$

式(4·6)より，シャノン-ファノおよびハフマンの符号化の能率をそれぞれ $e$ および $e'$ とすると

$$\begin{cases} e = \dfrac{2.35}{2.45} = 0.96 \\ e' = \dfrac{2.35}{2.40} = 0.98 \end{cases}$$

という結果が得られる．$e < e'$ であるからハフマンの符号化法のほうが能率が高い．

終り

ハフマンの符号化法も，シャノン-ファノの符号化法と同様に，非常に能率の高い符号を生み出す方法にちがいないが，その反面，誤りに対する抵抗力がないこともまた事実である．しかし，シャノンの第1定理が主張する雑音のない通信路での高速な情報伝送を実証する具

体例を，ハフマンの符号化法が与えている意味は大きい．

また，本書では符号化法の紹介にあたってとくに実際的な意味をもっている2元符号に限定しているが，これらの$r$元符号（$r > 2$）への拡張を考えることにも理論的な興味があるであろう．たとえば，分割や統合によって符号の木を構成する際，$r$元符号への拡張は1つの節点から分枝する枝の数を2以上に増加させることにつながるが，その手順を具体的に考えてみることも大変おもしろい．これらは，読者への課題として残しておくことにしよう．

## 4・4　冗長度をもたせる符号化法

### 4·4·1　冗長度のある符号

4·2節で述べたように，シャノンの第2定理は，雑音のある通信路を通じて誤りの少ない情報伝送を可能にする符号化法の存在を主張するものであった．そして，この定理は，誤りの少ない情報伝送の実現のためには，あいまい度をうまく相殺する量の冗長度をいかにして符号にもたせるかという問題が深くかかわるということを理解した．

ここでとくに，第2定理の証明に用いられたランダム符号化は，実際的な符号化法を工夫するうえで，たいへん重要な考え方となっている．ランダム符号化では，かなりの数の送信系列を切り捨ててしまうという方法によって，符号に適当な冗長度をもたせている．

符号に冗長度をもたせる方法をさらに一般的に考えると，式(4·5)より，誤りに対する抵抗力を強めるという目的に沿って平均符号語長を適当に大きくする方法を探ればよいことになるだろう．最も単純な方法は，符号語ないしは符号語を構成している各記号を何回か反復しながら情報伝送を行うやり方である．たとえば，例題4·1の符号語を伝送する場合，各記号を2回ずつ反復して

$$\underbrace{0\ 0}_{A_1}\ \vdots\ \underbrace{0\ 0\ 1\ 1}_{A_2}\ \vdots\ \underbrace{0\ 0\ 1\ 1\ 1\ 1}_{A_3}\ \vdots$$

のように伝送するのである．こうすれば，確かに誤りに対する抵抗力が強くなることは明らかだろう．2回ずつ反復することは，実効的にみて平均符号語長を2倍にすることであるから，式(4·6)より，能率が半分に減り，その分だけ冗長度が増加しているからである．この方法は，通話状態が悪いとき，われわれが電話口で同じことを何回も反復して話すことに似ているが，誤りを0に近づけるため反復回数をどんどん増やしていくと，残念ながら冗長度が増え過ぎて情報伝送が実質的に不可能になるという弱点をもっている．このように反復によって冗長度を高める方法は，誤りに対する抵抗力をある程度強める効果をもってはいるが，とくに優れた方法とはいえない面がある．

そこで，単純に反復という操作によって平均符号語長をいたずらに大きくするのではなく，伝送途中での誤りを受信側で効率よく検出できるよう，符号語に特別な工夫をこらして適度な冗長度をもたせる方法が用いられている．この代表例が，4·4·3項に紹介する**パリティ検査**である．また，そのほかにも，情報伝送技術の進歩とともに種々の特長をもった誤りに対する抵抗力の強い符号化法が考え出された．このなかには，ボーズ・チョードリ（Bose-Chaudhuri）あるいはファイア（Fire）の巡回符号，およびたたみ込み符号の考え方などが含まれているが，これらの符号に関する理論を正しく理解するには，かなりの代数学の知識が必要であるうえ，内容もかなり専門的過ぎると思われるので本書では取り扱わないことにする．

いずれにせよ，誤りに対する抵抗力の強い符号を得る符号化法とは，第2定理で考えたように，適当な冗長度を効率よく符号にもたせる方法であることに変わりはないのである．

### 4·4·2 ハミング距離

2元符号における誤りは，0から1へあるいは1から0へという記号の偶発的な反転とみなせる．誤りによってある符号語がまったく別の符号語に“化ける”ことは大いにあり得ることであるが，用いられる符号語群がもし互いに似かよっている場合には，こうした危険性はますます高くなるであろう．このような事態を回避するため，第2定理のランダム符号化を参考にして，適当に符号語を切り捨てることによって**相互に類似していない**符号語群をうまく構成できれば，誤りに対する抵抗力を強めることができるであろう．

このような方法を体系的に考えていくために，まず符号語間の“類似性”を測る尺度を決めておくことが必要となる．

いま，長さ$m$の2元符号語$X$と$Y$をつぎのように表すことにしよう．

$$X = x_1 x_2 \cdots x_m$$
$$Y = y_1 y_2 \cdots y_m$$

ただし，$x_i$および$y_i$（$i = 1, \cdots, m$）はいずれも0か1のどちらかである．

$X$と$Y$が似ているか似ていないかの判断を考える方法として，$m$個並んだ記号（0あるいは1）を対応する位置で比較して，違っている箇所が何か所あるか調べ，その数を目安として行う方法が挙げられる．そこで，この数$d\,(X, Y)$をつぎのように定式化しよう．

$X = 0\ 1\ 0\ 0\ 0\ 1\ 0$

$Y = 0\ 1\ 1\ 0\ 0\ 0\ 0$

違っている箇所＝2か所

$$d(X, Y) = 0\oplus 0 + 1\oplus 1 + 0\oplus 1 + 0\oplus 0 + 0\oplus 0 + 1\oplus 0 + 0\oplus 0 = 2$$

**図4・8** ハミング距離の計算例

公式　$$d(X, Y) = \sum_{i=1}^{m} x_i \oplus y_i \qquad \cdots\cdots(4\cdot 26)$$

ここで，$\oplus$ は**排他的論理和**※ を意味する．

$d(X, Y)$ は $X$ と $Y$ の**ハミング距離**※※ とよばれ，$X$ と $Y$ の類似性を測る尺度として用いることができる．たとえば，$X$ と $Y$ がまったく同一の符号語であるとき，ハミング距離は0となる．一方，$m$ 個のすべての記号が相異しているとき，ハミング距離は最大値 $m$ となる．

**例題 4・4**

つぎの2元符号とハミング距離が2である2元符号は何種類あるか．それらを全部書き出せ．

0 1 0 0 1

**解** ハミング距離は，記号の違っている箇所の数であるから，与えられた長さ5の符号において，異なった2か所の記号を選ぶ方法は ${}_5C_2$ 通りある．したがって，ハミング距離が2である符号の総数はつぎのように計算できる．

$$ {}_5C_2 = \frac{5!}{2!(5-2)!} = 10 \text{ 種類} $$

実際，すべての符号を書き出すと以下のようになる．

1 0 0 0 1，　1 1 1 0 1，　1 1 0 1 1
1 1 0 0 0，　0 0 1 0 1，　0 0 0 1 1
0 0 0 0 0，　0 1 1 1 1，　0 1 1 0 0
0 1 0 1 0

**終り**

式(4・26)で定義されるハミング距離を視覚的なイメージとしてとらえるため，長さ3の2元符号語について考えよう．

符号語 $X = x_1 x_2 x_3$ を，3次元空間の位置座標 $(x_1, x_2, x_3)$ に対応させると，図4・9のように，各符号語は立方体の各頂点に対応するこ

※　$0 \oplus 0 = 0$，$0 \oplus 1 = 1$，$1 \oplus 0 = 1$，$1 \oplus 1 = 0$
※※　Hamming distance

とになる．たとえば，2つの符号語０００と１１０のハミング距離は2であるが，これは頂点０００から頂点１１０へ辺を通っていく場合の**最小の辺の数**にほかならない．したがって，符号語０００の３個の記号のうちの１つに誤りが発生し，ハミング距離が１だけ離れた符号語に“化ける”という現象は，頂点０００から辺を１つ隔てた頂点への移動であると考えることができる（図4·9）．このことを頭に入れておいて，全体で８個（$2^3$個）ある符号語のうちのいくつかを切り捨てて誤りに対する抵抗力のある符号語群を選ぶ方法について考えてみよう．

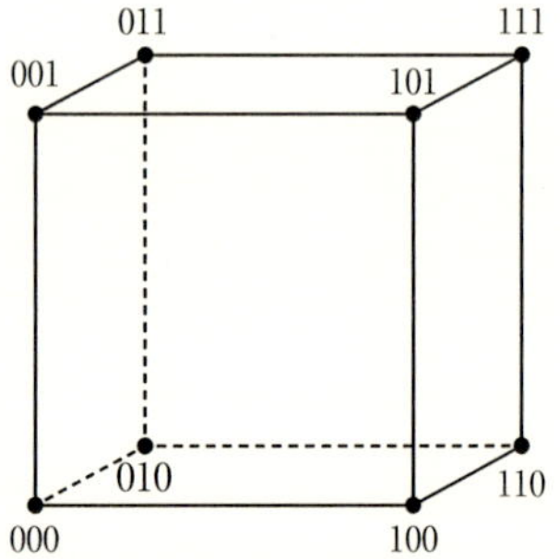

2元符号語 $x_1x_2x_3$ は頂点の座標 $(x_1, x_2, x_3)$ に対応

**図4·9**　2元符号語と立方体の頂点

いま，誤りが起こるとすれば符号語につき１個の記号であると仮定してみよう．この場合，誤りが発生すると，上で述べたようにハミング距離が１だけ離れた符号語に化ける．そこで，あらかじめ互いにハミング距離が少なくとも２だけ離れている符号語群を選び出して情報伝送に用いることを規約しておくと，化けた符号語は規約した符号語群には含まれていないから，受信側ですぐ発見できる．これを，**誤りの検出**という．

長さ３の符号語で考えると，たとえば図4·10のように，互いにハミング距離が２である符号語を最高４個選び出すことができる．つまり，全体で８個ある符号語から４つを切り捨てることによって，１個の誤り検出可能な符号語群を構成することができるわけである．切り捨てによる冗長度の増加を大ざっぱに評価すると，式(4·19)を参考に

して

$$冗長度 = 1 - \frac{\log_2 4}{\log_2 8} = \frac{1}{3} \quad \cdots\cdots(4・27)$$

となる．

上の考え方を推し進めて，今度は互いにハミング距離が3だけ離れている符号語群を情報伝送に用いることにすれば，さらに誤りに対する抵抗力が強まると予想できる．長さ3の符号語を例にすると，互いにハミング距離が3のものは2つしか選べない（図4･11）．

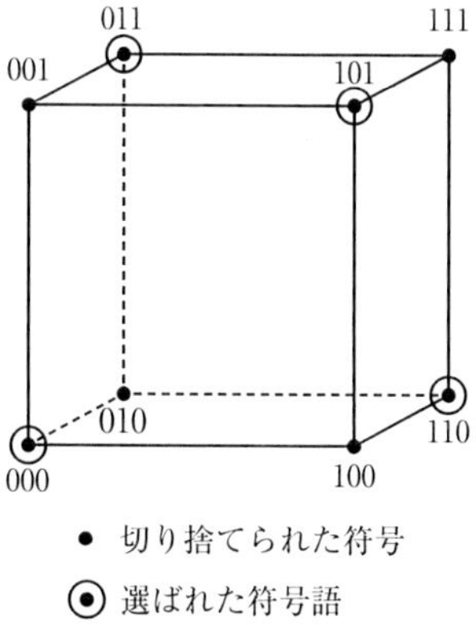


**図4・10**　1個の誤り検出可能な符号語の選択

たとえば，０００と１１１の２つの符号語だけを情報伝送に用いる

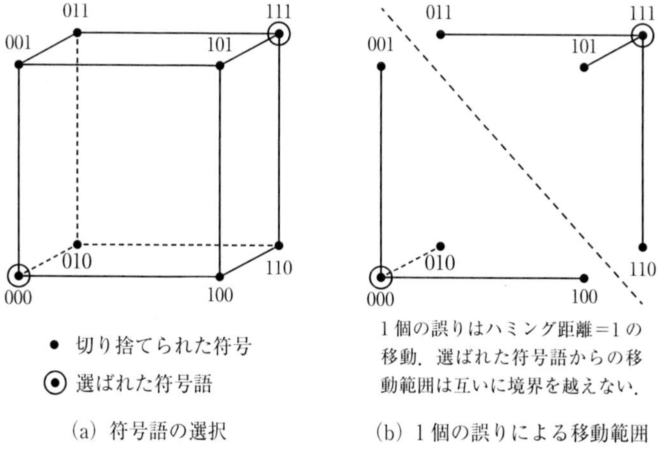


**図4・11**　1個の誤り可能な符号語

と規約しておくと，1個の誤りの場合，受信側でこれを検出できるだけでなく**訂正**することができることになる．仮に０１０という符号語を受けとったとすると，この符号語は０００に1個の誤りが発生したものであることがただちにわかる．1個の誤りによって，１１１が０１０に化けることはあり得ないからである．この方法では，全体で8個ある符号語のうち6個を切り捨て，実際には例えば０００と１１１のように2個しか用いない．したがって，冗長度は式(4·27)と同様に

$$冗長度 = 1 - \frac{\log_2 2}{\log_2 8} = \frac{2}{3} \qquad \cdots\cdots(4 \cdot 28)$$

となる．式(4·27)と比較して，切り捨てによる冗長度はかなり増加しているが，その見返りとして誤りの訂正という強力な機能をもつようになっている（もし，誤りの検出だけを目的とする場合には，2個の誤り検出が可能であることは明らかであろう）．

以上，長さ3の符号語を例にとって，ハミング距離という観点から，誤りの検出および訂正という問題を考えてきた．長さ3の符号語は，さきに述べたように全体でわずか8個しかなく，実用的ではない．しかし，ここで得た結論は，長さが3より大きい一般の符号語の場合へもアナロジーによってただちに拡張できる．すなわち，互いにハミング距離が$k$だけ離れている2元符号語群を情報伝送に用いるとき，誤りの検出あるいは訂正の能力をつぎのように$k$が偶数と奇数の場合に分けて表現することができる．

$k = 2r$ **（偶数）の場合**

$$\begin{cases} r - 1\text{ 個までの誤り訂正が可能} \\ 2r - 1\text{ 個までの誤り検出が可能} \end{cases}$$

$k = 2r + 1$ **（奇数）の場合**

$$\begin{cases} r\text{ 個までの誤り訂正が可能} \\ 2r\text{ 個までの誤り検出が可能} \end{cases}$$

### 4･4･3　パリティ検査

ある長さの符号語全体の中からいくつかを切り捨てることによって冗長度を増加させ，その効果として誤り検出あるいは訂正能力をもたせる方法を，ハミング距離の観点から考えた．いま，長さ $m$ の2元符号語全体（$2^m$ 個）のうち，いくつかを切り捨てて残る $N$ 個の符号語群（$N < 2^m$）だけを利用する場合を考えよう．

$N = 2^n$ となる整数 $n$ が選べると仮定したとき，もし雑音のない通信路を通して情報伝送を行うならば，符号語の長さは

$$\log_2 N = n$$

で十分だろう（$n < m$）．

このように考えると，切り捨てという操作は，本来ならば長さ $n$ の符号語でこと足りるところを，$m - n$ だけ余分に長さを増して冗長度をもたせていることにほかならない．そこで，与えられた符号語の長さを組織的に増して，有効な冗長度をもたせる方法について考えてみよう．

いま，長さ $n$ の2元符号語 $X$ がつぎのように与えられている．

$$X = x_1 x_2 \cdots x_n$$

ここで，$X$ の長さを1だけ増すことを考え，新たに得られる長さ $n + 1$ の符号語を $X'$ とおくことにする．$X$ の最後尾に1記号 $c$ を付加することにすれば，$X'$ はつぎのように表される（$c$ はもちろん0か1である）．

$$X' = x_1 x_2 \cdots x_n c \qquad \cdots\cdots(4 \cdot 29)$$

さて，付加する $c$ を0にするか1にするかをつぎのようにして決定することにする．すなわち，符号語 $X$ に依存して

$$x_1 \oplus x_2 \oplus \cdots \oplus x_n \oplus c = 0 \qquad \cdots\cdots(4 \cdot 30)$$

を満足するように $c$ を決定する．$\oplus$ は，式(4･26)で用いられた排他的論理和であり，**法2の加算**（**mod 2**）ともいえる．したがって，

式(4·30)は $X'$ の中に1が偶数個あれば成立することになる．すなわち，与えられた符号語 $X$ において，1が偶数個あれば $c$ を0に，奇数個あれば $c$ を1に選べばよいことになる．

このようにして得られた新たな符号語は，1個の誤りを検出できる．つまり，受信側で，式(4·30)の左辺のように $n+1$ 個の記号を法2で加算し，もし1になることがあれば1個の誤りが発生していることがわかり，0であれば誤りがないことがわかるのである．この方法を**パリティ検査**という．また，符号語 $X'$ について情報を担う記号 $x_1 x_2 \cdots x_n$ を**情報記号**と呼び，冗長度をもたせるため付加された記号 $c$ を**検査記号**とよんでいる．とくに，検査記号の決定において式(4·30)のように右辺を0とする方法を**偶数パリティ**と呼んでいる．もし，右辺を1とすれば**奇数パリティ**となる．

パリティ検査は，比較的簡単な手続きで2元符号語の誤りを検出できるため，デジタル技術の普及にともなって，応用面も広がった．コンピュータのハードウェア内部での応用は当然としても，たとえば，各種製品の製造システムや，社会サービスシステムにおけるデータ転送などにも広く応用されている．ただ，こうしたパリティ検査の実態は，すべてミクロな電子回路の動作が中心になっているため，目に見えて実感できるわけではない．

そこで，1970年代のコンピュータに使われていた入力媒体の“紙テープ”をとりあげてみよう．コンピュータの初期段階であったこの時代，すでにパリティ検査の考え方は確立されていた．図4·12に，長さ8の符号語の系列が記録された紙テープを示している．穴の有無が1と0を表している．同図からわかるように，この紙テープは，7つの情報記号に対して偶数パリティで1つの検査記号を付加し，長さ8の符号語として記録する形式である．

紙テープ読取装置（PTR）は，機械的にテープを走行させ，背面にある光源の照射によって穴の有無を光の有無として検知し，つぎつぎと符号語を読み込んでいく．この過程でパリティ検査によって誤りが検出された場合，読み込みが停止されるしくみになっていた．現在のパリティ検査においてもデータ転送中に誤りが検出された場合には，読み込みが停止されるとともに，再送要求信号（ARQ）が送出されてデータ転送がやりなおされる．昔も今も，基本的な考え方はまったく同じである．

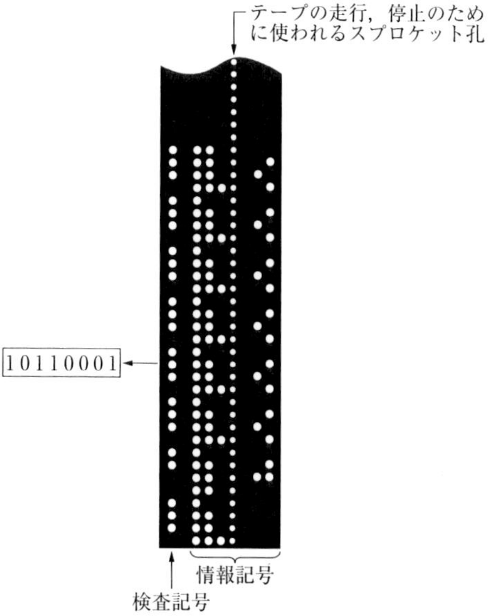


**図 4・12** 1970 年代に用いられた紙テープ

### 4･4･4 線形符号

上述のパリティ検査では検査記号の数は 1 個であった．もし検査記号（冗長記号）の数をさらにうまく増加させれば，誤りに対する抵抗力もまた一段と強化できる可能性を予見できるであろう．これを実現する具体的な手法として，以下に述べる**線形符号**がよく知られている．

いま，情報を担っている，0 と 1 からなる 2 元記号系列を想定する．これを情報系列とよぶことにする．ここでの問題は，情報系列に冗長記号（0 あるいは 1）を追加して冗長度を高め，誤りに対する抵抗力

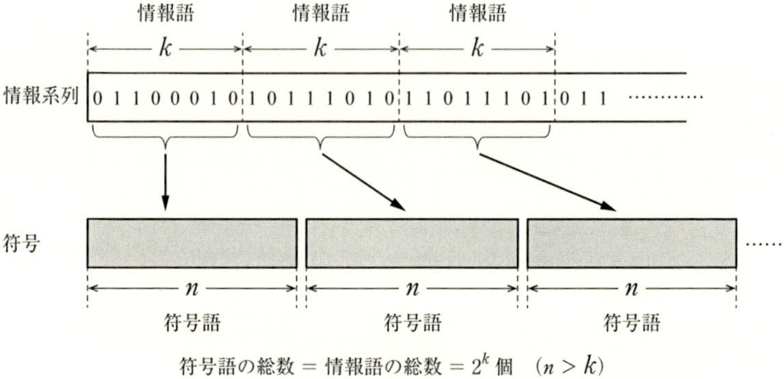


**図 4・13 情報系列のブロック化**

をもつ新たな2元記号系列をどのようにつくり出すか（符号化するか），という手続きの問題である．この新たな2元記号系列を符号とよぶことにする．

ここでいう符号化の基本は，図 4·13 に示すように，情報系列を長さ $k$ のブロックにつぎつぎと区切っていくブロック化である．各ブロックを情報語とよぶことにする．つぎに，情報語に冗長記号を加えて長さ $n$ ($n > k$) の符号語を生成する（**ブロック符号化**）．長さ $k$ の情報語がとり得るパターンの総数は，0 あるいは 1 を $k$ 個並べる順列の総数であるから，$2^k$ 個である．各情報語に対して 1 つの符号語を生成するから，符号語の総数も $2^k$ 個である．

さて，情報語に**冗長記号**を加えて符号語を生成する符号化は，線形符号の理論の核心部であるが，説明の準備として，まず数学的な定義を以下に与える．

## 【ベクトル表記】

記号 0 あるいは 1 が $k$ 個並んだ，長さ $k$ の情報語 $u_1 u_2 \cdots u_k$ を

$k$ 次元ベクトル $\boldsymbol{U}$ として，つぎのように表す．

$$\boldsymbol{U} = (u_1, u_2, \cdots, u_k)$$

同様に，長さ $n$ の符号語をつぎのような $n$ 次元ベクトル $\boldsymbol{X}$ で表す．

$$\boldsymbol{X} = (x_1, x_2, \cdots\cdots, x_n)$$

**【加算】**

符号語 $\boldsymbol{X}$ と $\boldsymbol{X}'$ の加算＋をつぎのように定義する．

$$\boldsymbol{X} + \boldsymbol{X}' = (x_1 \oplus x_1', x_2 \oplus x_2', \cdots, x_n \oplus x_n')$$

ただし，右辺の⊕は排他的論理和（$0 \oplus 0 = 0$，$0 \oplus 1 = 1$，$1 \oplus 0 = 1$，$1 \oplus 1 = 0$）である．

**【スカラー倍】**

符号語 $\boldsymbol{X}$ のスカラー倍をそれぞれつぎのように定義する．

$$0 \cdot \boldsymbol{X} = (0 \cdot x_1, 0 \cdot x_2, \cdots, 0 \cdot x_n) = (0, 0, \cdots, 0) = \boldsymbol{0} \text{（ゼロベクトル）}$$

$$1 \cdot \boldsymbol{X} = (1 \cdot x_1, 1 \cdot x_2, \cdots, 1 \cdot x_n) = (x_1, x_2, \cdots, x_n) = \boldsymbol{X}$$

スカラー倍は一般に $\alpha \cdot \boldsymbol{X}$ であるが，$\alpha$ は 0 あるいは 1 なので上の 2 通りである．

**【線形符号 C】**

(1) $k$ 個の 1 次独立な $n$ 次元ベクトル $\boldsymbol{X}_1, \boldsymbol{X}_2, \cdots, \boldsymbol{X}_k$ を適当に選び，情報語 $\boldsymbol{U}$ の記号 $u_1, u_2, \cdots, u_k$ を重みとする，つぎの 1 次結合（線形結合）によって符号語 $\boldsymbol{X}$ をつくる．

$$\boldsymbol{X} = u_1\boldsymbol{X}_1 + u_2\boldsymbol{X}_2 + \cdots + u_k\boldsymbol{X}_k \qquad \cdots\cdots(4 \cdot 31)$$

$\boldsymbol{U}$ は $2^k$ 個あるから，上式で生成される符号語も $2^k$ 個ある．この符号語全体の集合 C を線形符号という．なお，1 次独立とは，

$$u_1\boldsymbol{X}_1 + u_2\boldsymbol{X}_2 + \cdots + u_k\boldsymbol{X}_k = \boldsymbol{0} \quad \text{（ゼロベクトル）}$$

が，$u_1 = u_2 = \cdots = u_k = 0$ のときだけ成立する場合をいう．

(2) 線形符号 C の元である 2 つの符号語 $\boldsymbol{X}$ と $\boldsymbol{X}'$ の和（加算）$\boldsymbol{X} + \boldsymbol{X}'$ もまた C の元である．つまり，符号語同士の加算によってできる新たな符号語も必ず C の元となり，C の外部に出ることはない．また，ゼロベクトル $\boldsymbol{0} = (0, 0, \cdots, 0)$ は C の元である．

ここで，図 4·13 における，与えられた情報語に対する符号語を生成する手順を上記の定義にしたがって以下のように定式化しよう．

線形符号 C の符号語から $k$ 個の 1 次独立な符号語 $\boldsymbol{X}_1, \boldsymbol{X}_2, \cdots, \boldsymbol{X}_k$ を選び，それぞれをつぎのように行として順次並べてできる行列 $[\boldsymbol{G}]$ を**生成行列**とよぶ．

公式 $$[\boldsymbol{G}] = \begin{bmatrix} \boldsymbol{X}_1 \\ \boldsymbol{X}_2 \\ \vdots \\ \boldsymbol{X}_k \end{bmatrix} \quad (k \times n \text{ 行列})^{※} \qquad \cdots\cdots(4 \cdot 32)$$

生成行列によって，情報語 $\boldsymbol{U}$ に対する符号語 $\boldsymbol{X}$ をつぎのような演算で生成することができる．

公式 $$\boldsymbol{X} = \boldsymbol{U}[\boldsymbol{G}] \qquad \cdots\cdots(4 \cdot 33)$$

上式のベクトル $\boldsymbol{U}$ と行列 $[\boldsymbol{G}]$ の演算を具体的に展開してみると，式(4·31)に一致することが確かめられる．

たとえば，$k = 4$ および $n = 7$ の場合の生成行列の一例をつぎに示そう．

※ $k$ 行 $n$ 列の行列

$$[\boldsymbol{G}] = \begin{bmatrix} 1 & 0 & 0 & 0 & 0 & 1 & 1 \\ 0 & 1 & 0 & 0 & 1 & 0 & 1 \\ 0 & 0 & 1 & 0 & 1 & 1 & 0 \\ 0 & 0 & 0 & 1 & 1 & 1 & 1 \end{bmatrix} \qquad \cdots\cdots(4 \cdot 34)$$

情報語$\boldsymbol{U} = (u_1, u_2, u_3, u_4)$に対する符号語$\boldsymbol{X}$は，この$[\boldsymbol{G}]$によってつぎのように生成される．

$$\boldsymbol{X} = \boldsymbol{U}[\boldsymbol{G}] = (u_1, u_2, u_3, u_4)\begin{bmatrix} 1 & 0 & 0 & 0 & 0 & 1 & 1 \\ 0 & 1 & 0 & 0 & 1 & 0 & 1 \\ 0 & 0 & 1 & 0 & 1 & 1 & 0 \\ 0 & 0 & 0 & 1 & 1 & 1 & 1 \end{bmatrix}$$

$$= (u_1, u_2, u_3, u_4, c_1, c_2, c_3) \qquad \cdots\cdots(4 \cdot 35)$$

ただし，$c_1, c_2, c_3$はそれぞれつぎのように与えられる．

$$\left.\begin{aligned} c_1 &= u_2 \oplus u_3 \oplus u_4 \\ c_2 &= u_1 \oplus u_3 \oplus u_4 \\ c_3 &= u_1 \oplus u_2 \oplus u_4 \end{aligned}\right\} \qquad \cdots\cdots(4 \cdot 36)$$

$c_1, c_2, c_3$は，情報語$\boldsymbol{U}$の要素$u_1, u_2, u_3, u_4$の加算として与えられているから冗長記号であって，式(4·35)による符号語生成によって付加された3つの検査記号なのである．いま，符号語$\boldsymbol{X}$を通信路に送信し，受信側でつぎの長さ7の符号語（受信語とよぶ）$\boldsymbol{Y}$を受信したとする．

$$\boldsymbol{Y} = (y_1, y_2, y_3, y_4, y_5, y_6, y_7) \qquad \cdots\cdots(4 \cdot 37)$$

受信側で式(4·36)に対応する演算をつぎのように行う．

$$\left.\begin{aligned} s_1 &= y_2 \oplus y_3 \oplus y_4 \oplus y_5 \\ s_2 &= y_1 \oplus y_3 \oplus y_4 \oplus y_6 \\ s_3 &= y_1 \oplus y_2 \oplus y_4 \oplus y_7 \end{aligned}\right\} \qquad \cdots\cdots(4 \cdot 38)$$

ここで，$\boldsymbol{s} = (s_1, s_2, s_3)$とおく．$\boldsymbol{s}$は**シンドローム**とよばれている．

式(4·37)の受信語に誤りがなければ，$\boldsymbol{s} = (0, 0, 0)$となることは容易に確かめられる．一方，$\boldsymbol{s} \neq (0, 0, 0)$ ならば，$\boldsymbol{Y}$ に誤りがあることを示すが，1 個の誤りであれば，$\boldsymbol{s}$ によって受信語 $\boldsymbol{Y}$ のどこに誤りがあるかを判定することができる．“シンドローム”とよばれるゆえんである．

以下では，シンドロームによる誤り判定を含めて線形符号の基礎的な理解を深めることをめざし，これまで述べた内容を数学的に整理する．

まず，式(4·34)でとりあげた $k = 4$，$n = 7$ の場合の生成行列 $[\boldsymbol{G}]$ を，つぎのように左右 2 つに分割してみる．

$$\boldsymbol{I} = \begin{bmatrix} 1 & 0 & 0 & 0 \\ 0 & 1 & 0 & 0 \\ 0 & 0 & 1 & 0 \\ 0 & 0 & 0 & 1 \end{bmatrix}, \qquad \boldsymbol{P} = \begin{bmatrix} 0 & 1 & 1 \\ 1 & 0 & 1 \\ 1 & 1 & 0 \\ 1 & 1 & 1 \end{bmatrix} \qquad \cdots\cdots(4 \cdot 39)$$

左側は 4×4 単位行列であり，右側は 4×3 行列である．生成行列 $[\boldsymbol{G}]$ の 4 つの行ベクトル（符号語）の選び方は一意的ではなく他の選択肢もあるが，左側が上記のように単位行列になるように選ぶと，つぎに述べる検査行列の導出が容易になるなど利便性が高い．

一般に，こうした形の生成行列 $[\boldsymbol{G}]$ を左標準形（$k \times n$ 行列）とよび，$k \times k$ 単位行列 $\boldsymbol{I}_k$ を用いてつぎのように表す．$\boldsymbol{P}$ は $(n - k) \times n$ 行列である．

公式 $$[\boldsymbol{G}] = [\boldsymbol{I}_k, \boldsymbol{P}] \qquad \cdots\cdots(4 \cdot 40)$$

上式から，パリティ検査行列 $[\boldsymbol{H}]$ をつぎのように与える．

$$[\boldsymbol{H}] = [\boldsymbol{P}^T, \boldsymbol{I}_{n-k}] \qquad \cdots\cdots(4 \cdot 41)$$

ただし，$\boldsymbol{P}^T$ は転置行列※である．

シンドローム $\boldsymbol{s}$ は**パリティ検査行列**を用いてつぎのように求められる．

※ 行と列を入れ替えてできる行列（$i$ 行を $i$ 列におく）．

公式 $\boldsymbol{s} = \boldsymbol{Y}[\boldsymbol{H}]^T$ ……(4・42)

たとえば，生成行列 $[\boldsymbol{G}]$ が式(4·34)の例の場合には，パリティ検査行列はつぎのようになる．

$$[\boldsymbol{H}] = \begin{bmatrix} 0 & 1 & 1 & 1 & 1 & 0 & 0 \\ 1 & 0 & 1 & 1 & 0 & 1 & 0 \\ 1 & 1 & 0 & 1 & 0 & 0 & 1 \end{bmatrix} \quad \cdots\cdots(4 \cdot 43)$$

情報語 $\boldsymbol{U} = (0, 1, 0, 0)$ に対する符号語は，式(4·35)によってつぎのように与えられる．

$$\boldsymbol{X} = (0, 1, 0, 0, 1, 0, 1)$$

この $\boldsymbol{X}$ が送信され，受信語 $\boldsymbol{Y} = (0, 1, 1, 0, 1, 0, 1)$ が受信されたと仮定しよう．3番目の記号が誤って受信されたという例である．この場合，式(4·42)によってシンドロームをもとめてみると，つぎのようになる．

$$\boldsymbol{s} = \boldsymbol{Y}[\boldsymbol{H}]^T = \boldsymbol{Y}\begin{bmatrix} 0 & 1 & 1 \\ 1 & 0 & 1 \\ 1 & 1 & 0 \\ 1 & 1 & 1 \\ 1 & 0 & 0 \\ 0 & 1 & 0 \\ 0 & 0 & 1 \end{bmatrix} = (1, 1, 0) \quad \cdots\cdots(4 \cdot 44)$$

さきに，$\boldsymbol{s} \neq (0, 0, 0)$ ならば $\boldsymbol{Y}$ に誤りがあることを示し，1個の誤りであれば，$\boldsymbol{s}$ によって受信語 $\boldsymbol{Y}$ のどこに誤りがあるかを判定できるとした．上式は誤りの存在を示しているが，シンドロームがパリティ検査行列 $[\boldsymbol{H}]$ の $j$ 番目の列ベクトルに一致していれば，$j$ 番目の記号が誤りであると判定できる※．

式(4·43)と(4·44)を比較すれば，$\boldsymbol{s} = (1, 1, 0)$ が $[\boldsymbol{H}]$ の3番目の

※ 証明は簡単である．読者も試みられたい．

列ベクトルに一致することがわかるから，受信語 $\boldsymbol{Y}$ は3番目の記号に誤りがあると判定できる．したがって，3番目の記号を $1 \to 0$ のように反転すれば訂正できる．

ここで，式(4·41)のパリティ検査行列 $[\boldsymbol{H}]$ に関して，$\boldsymbol{X} = (x_1, x_2, \cdots, x_n)$ を未知数とするつぎの**線形方程式**を紹介しておく．

公式 $\boldsymbol{X}[\boldsymbol{H}]^T = [\boldsymbol{H}]\boldsymbol{X}^T = \boldsymbol{0}$ （ゼロベクトル）……(4・45)

この線形方程式の解の全体は，すでに述べた線形符号 C にほかならない．求解の方法については，つぎの例題4·5が参考になるだろう．

一例として，式(4·43)のパリティ検査行列 $[\boldsymbol{H}]$ を線形方程式に用いた場合，解として得られる長さ7の符号語の総数は $2^4 = 16$ 個になる．本来，長さ7の2元記号列の総数は $2^7 = 128$ 個であるから，そのわずか1/8の16個だけを実際に用いる符号語として選択し，残りは切り捨てている．その代償として誤り訂正機能を実現していることになるが，線形方程式はこうした取捨選択の基準を与えているとみることもできる．

なお，1個の誤り訂正可能な線形符号に関して，パリティ検査行列の行と列の数 $k$ と $n$ の間に，$n = 2^k - 1$ という関係があるとき，ハミング符号とよばれている．さきに考えた式(4·43)の $[\boldsymbol{H}]$ はこの関係をみたすので，これから導かれる線形符号は**ハミング符号**にほかならない．

**例題 4・5**

つぎのようなパリティ検査行列 $[\boldsymbol{H}]$ によって与えられる線形符号を求めよ．

$$[\boldsymbol{H}] = \begin{bmatrix} 1 & 1 & 1 & 0 \\ 0 & 1 & 0 & 1 \end{bmatrix}$$

**解**　長さ4の符号語を $\boldsymbol{X} = (x_1, x_2, x_3, x_4)$ として，対応する縦ベクトルを

$$\boldsymbol{X} = \begin{bmatrix} x_1 \\ x_2 \\ x_3 \\ x_4 \end{bmatrix}$$

と書くことにする．式(4·45)に $[\boldsymbol{H}]$ および $\boldsymbol{X}^T$ を代入して

$$\begin{bmatrix} 1 & 1 & 1 & 0 \\ 0 & 1 & 0 & 1 \end{bmatrix} \begin{bmatrix} x_1 \\ x_2 \\ x_3 \\ x_4 \end{bmatrix} = \begin{bmatrix} 0 \\ 0 \end{bmatrix}$$

を得る．書き直すとつぎのようになる．

$$\left. \begin{aligned} x_1 \oplus x_2 \oplus x_3 &= 0 \\ x_2 \oplus x_4 &= 0 \end{aligned} \right\}$$

この線形方程式では，2変数を自由に選ぶことができ，残る2変数は方程式によって決定される．そこで，ここでは $x_1$ と $x_2$ のすべての組（$2^2$ 個）に対して，残る $x_3$ と $x_4$ を決定することによって解を求めることにする．この結果を表4·6に示す．

**表4・6**　解ベクトル

| $x_1$ | $x_2$ | $x_3$ | $x_4$ |
|---|---|---|---|
| 0 | 0 | 0 | 0 |
| 0 | 1 | 1 | 1 |
| 1 | 0 | 1 | 0 |
| 1 | 1 | 0 | 1 |

これより，4個の符号語がつぎのように得られる．

$$\boldsymbol{X}_1 = 0\,0\,0\,0 \qquad \boldsymbol{X}_2 = 0\,1\,1\,1$$
$$\boldsymbol{X}_3 = 1\,0\,1\,0 \qquad \boldsymbol{X}_4 = 1\,1\,0\,1$$

**終り**

# 5 連続的信号

前章までは，情報を“記号”そのものであるとみなして議論を進めた．その中で，気温などの計量情報は厳密にいえば時間とともに変化する連続量であるが，標本化と量子化という操作によって記号系列におき換えられることを述べた．このように本来連続量として与えられる情報が“記号”という離散的な単位におき換えられるということは大変重要なことであり，理論的にきちんと理解することが必要である．

そこでこの章では，まず連続的信号のエントロピーについて考え，さらに周波数領域の概念を紹介する．これらにもとづいて標本化定理を導き，連続的信号と記号系列との対応を考える．

## 5・1 エントロピー

### 5·1·1 確率変数と確率密度

一般に，物理現象などを測定して得られる計量情報は，電圧や電流などの時間的変化を示す**連続的信号**として与えられることが多い．

いま，1つの連続的信号が

$$x = x(t) \qquad \cdots\cdots(5 \cdot 1)$$

として時間 $t$ の関数で与えられるものとしよう．

時刻 $t$ において連続的信号がもつ“情報”とは，その値 $x$ そのものにほかならないが，情報の定量化にあたっては少し問題がある．2章では，有限個の事象からなる完全事象系という確率モデルにしたがって各種のエントロピーを定量化した．もちろん，これらは連続的信号のエントロピーを定量化するのに大いに参考になるが，まったく同じような適用はできない．その理由は，$x$のとり得る値が連続無限であるという性質による．つまり，完全事象系では個々の事象がある一定の“確率”をもち得たが，連続無限個ある$x$に対しては同じような考え方を適用することはできない※．

そこで，連続的信号の値$x$に対しては新たに**確率密度**という概念を導入することが必要となるのである．すなわち，$x$の関数として，確率密度を

$$p(x) \qquad \cdots\cdots(5\cdot2)$$

と書くことにしよう．このように，値が確率的に変動する変数$x$は，**確率変数**※※とよばれている．

連続的信号の情報理論は，式(5·2)のように，まず時刻$t$における信号の値$x$を確率変数であるとみなすことから出発して組み立てられる．この考え方が，本質的には2章で述べたこととまったく変わらない点に注目したいものである．

さて，式(5·2)に与えられた確率密度は，確率変数$x$の定義域を$(-\infty, \infty)$とすると

$$\int_{-\infty}^{\infty} p(x)\,dx = 1 \qquad \cdots\cdots(5\cdot3)$$

を満足する関数である．これはコルモゴロフの公理※※※における

$$p(U) = 1$$

に対応するものである．

確率密度のイメージは，たとえば図5·1のように与えられる．代表

※ 詳しくは確率論の解説書，例えば参考文献4)5)を参照されたい．

※※ 連続的確率変数

※※※ 2·2節参照．

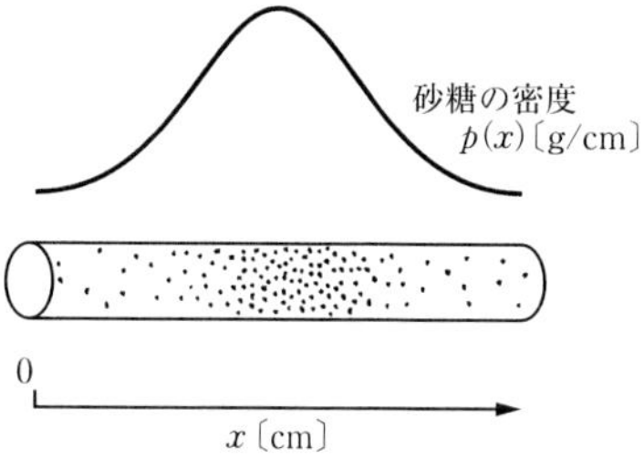


断面が単位面積で，砂糖の混じり方が不均一の**棒ようかん**の例で考えると

$$a \leqq x \leqq b$$

の間を切り取った部分の砂糖の量は

$$\int_a^b p(x)\,dx \quad 〔グラム〕$$

となる．このとき砂糖の量を "**確率**" に，$p(x)$ を"**確率密度**" に対比すればよい（砂糖の混じり方が均一である場合 $p(x)$ は一様分布となる）．

**図 5・1**　確率と確率密度の図解

的な確率密度関数の例としては，**正規分布**と**一様分布**があげられる．一様分布の場合，図 5・2 から明らかなように確率変数 $x$ が実際にとり得る値の範囲は有限である．

さて，式(5・3)を満たす関数 $p(x)$ の形は，図 5・2 の例のほかにもいろいろ考えることができ千差万別である．そこで，与えられた $p(x)$ の分布の形を手早く，大局的につかむために，**平均値**と**分散**という 2 つの量を計算することが行われる．すなわち

公式　$$\mu = \int_{-\infty}^{\infty} x p(x)\,dx \qquad \cdots\cdots(5 \cdot 4)$$

公式　$$\sigma^2 = \int_{-\infty}^{\infty} (x-\mu)^2 p(x)\,dx \qquad \cdots\cdots(5 \cdot 5)$$

によって平均値 $\mu$ と分散 $\sigma^2$ を求めるのである．平均値は $p(x)$ の分

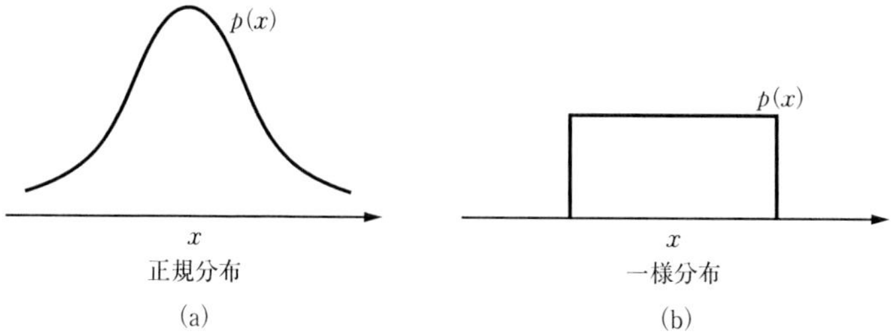


**図 5・2**　確率密度関数の例

布の中心がほぼどの辺にあるか，また，分散は平均値を中心にみたとき分布がどの程度の“広がり”をもっているかの目安を与えるものである．つまり，時刻 $t$ における信号の値 $x$ は，主として平均値 $\mu$ の付近に出現し，さらに実効的な出現範囲は平均値を中心として $\pm\sigma$ ぐらいであると判断するわけである（図5·3）．

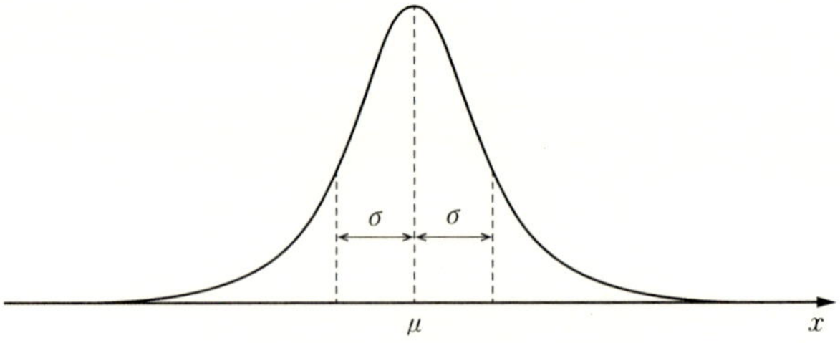


$\mu$ = 平均値，$\sigma$ = 標準偏差($\sigma^2$ = 分散)

**図5・3** 確率変数 $x$ の実効的な出現範囲

平均値 $\mu$ と分散 $\sigma^2$ を与えて確率密度関数の形がきちんと確定するのは正規分布である．すなわち

**公式**
$$p(x) = \frac{1}{\sqrt{2\pi\sigma^2}}e^{-\frac{(x-\mu)^2}{2\sigma^2}} \qquad \cdots\cdots(5\cdot6)$$

のように与えられる．

**例題5・1**

つぎのように確率密度関数が与えられる一様分布について平均値と分散を計算せよ．

$$p(x) = \begin{cases} 1/a & (0 \leqq x \leqq a) \\ 0 & (x < 0 \text{ あるいは } a < x) \end{cases}$$

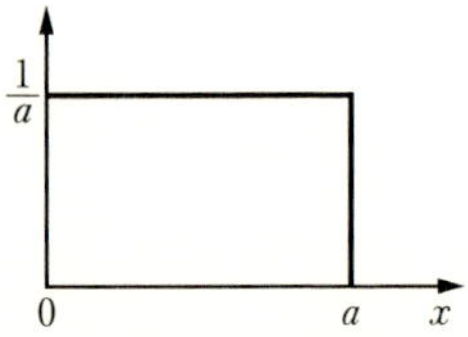


**図5・4** 一様分布

**解** 式(5·4)および式(5·5)より平均値と分散をそれぞれ $\mu$ と $\sigma^2$ とおくと，つぎのように計算できる．

$$\mu = \int_0^a x \frac{1}{a} dx = \frac{a}{2}$$

$$\sigma^2 = \int_0^a \left(x - \frac{a}{2}\right)^2 \cdot \frac{1}{a} dx = \frac{a^2}{12}$$

終り

いま，2つの連続的信号 $x(t)$ と $y(t)$ が与えられたとき，それぞれの時刻 $t$ における値を確率変数の組 $(x, y)$ としてながめることができる．これは，2章で述べた結合事象に対応するものであり，1つの組に対する確率密度を

$$p(x, y) \qquad \cdots\cdots(5 \cdot 7)$$

のように与えることができる．$p(x, y)$ は**結合確率密度**とよばれている．

結合確率密度を用いて**条件付き確率密度** $p(x \mid y)$ をつぎのように与えることができる．

公式 $$p(x \mid y) = \frac{p(x, y)}{p(y)} \qquad \cdots\cdots(5 \cdot 8)$$

とくに，2つの確率変数 $x$ と $y$ が**独立**である場合，結合確率密度はそれぞれの確率密度の積となり，つぎの関係をもつ．

公式 $$p(x, y) = p(x)p(y) \qquad \cdots\cdots(5 \cdot 9)$$

### 5·1·2 連続的信号のエントロピー

確率密度が $p(x)$ で与えられる連続的信号 $x(t)$ のエントロピーを，完全事象系のエントロピー※を参考にしながら以下のように定義する．

確率変数 $x$ が出現する範囲を，たとえば $[-b, b]$ のように有限であるとしよう．すなわち，確率密度関数 $p(x)$ が

---

※ 式(2·24)参照.

$$p(x) = 0 \quad (|x| > b)$$
$$p(x) \geqq 0 \quad (|x| \leqq b)$$

であると仮定するのである．

いま，幅 $2b$ の範囲 $[-b, b]$ を図5·5のように $n$ 個の小区間に等分し，各小区間に $E_1, \cdots, E_n$ のように名称を付ける．小区間の幅を $\Delta x$ とし，各小区間における $x$ の代表値を $x_1, \cdots, x_n$ とする．たとえば

$$x_i = -b + i\Delta x \quad (i = 1, \cdots, n)$$

とすればよいのである．

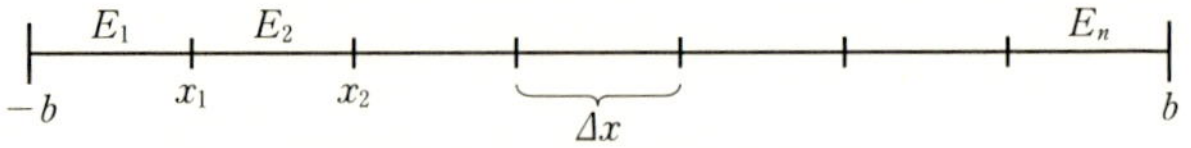


**図5・5** 確率変数 $x$ の出現範囲を幅 $\Delta x$ の小区間に分割

小区間 $E_i$ に $x$ が入る確率 $P_i$ は，$x_i$ における確率密度を用いて

$$P_i = p(x_i)\Delta x \qquad \cdots\cdots(5 \cdot 10)$$

と表すことができる．小区間 $E_i$ に $x$ が入ることを事象 $E_i$ と考えると，1つの完全事象系 $\boldsymbol{E}$ がつぎのように与えられる．

$$\boldsymbol{E} = \begin{bmatrix} E_1 & E_2 & \cdots & E_n \\ P_1 & P_2 & \cdots & P_3 \end{bmatrix} \qquad \cdots\cdots(5 \cdot 11)$$

式(2·24)より完全事象系 $\boldsymbol{E}$ のエントロピー $H(\boldsymbol{E})$ は

$$H(\boldsymbol{E}) = -\sum_{i=1}^{n} P_i \log_2 P_i \qquad \cdots\cdots(5 \cdot 12)$$

と与えられる．一見すると，$H(\boldsymbol{E})$ を連続的信号 $x(t)$ のエントロピーとみてもよさそうであるが，明らかに $H(\boldsymbol{E})$ は $x$ の値を $n$ 個の小区間に量子化して得られる記号系列（記号 $E_1, \cdots, E_n$ からなる）のエントロピーであるから，連続的信号のエントロピーではない．そこで，量子化を無限小に細かくした $\Delta x \to 0$ における $H(\boldsymbol{E})$ の極限値として連続的信号のエントロピーを位置づけようとする考え方が生ま

れる．

そこで式(5・12)に式(5・10)を代入して，つぎのような結果を得る．

$$H(\boldsymbol{E}) = -\sum_{i=1}^{n} p(x_i)\Delta x \log_2 p(x_i)\Delta x$$

$$= -\sum_{i=1}^{n} \{p(x_i)\log_2 p(x_i)\}\Delta x - \log_2 \Delta x \quad \cdots\cdots(5\cdot 13)$$

式(5・13)で，$\Delta x \to 0$ とすると第1項は有限値に収束するが，残念ながら第2項は無限大に発散する．第2項は，量子化の細かさに関係する量であるため，無限大に発散するのは考えてみれば当然である．そこで，第2項を無視して第1項のみの極限値をもって連続的信号のエントロピー $H(x)$ を定義するほうがむしろ合理的であると考えられる．すなわち，つぎのように定義するのである．

$$H(x) = -\lim_{\Delta x \to 0} \sum_{i=1}^{n} \{p(x_i)\log_2 p(x_i)\}\Delta x$$

右辺は積分の定義にほかならないから

公式 $$H(x) = -\int_{-\infty}^{\infty} p(x) \log_2 p(x) dx \quad \text{〔ビット〕} \quad \cdots\cdots(5\cdot 14)$$

によって**連続的信号** $x(t)$ **のエントロピー**を定義することになる※．

連続的信号のエントロピーは，完全事象系のエントロピーとは異なり，平均情報量を**ある基準値**から測った相対量として与えることになる．基準値とはもちろん式(5・13)の第2項の極限値

$$-\lim_{\Delta x \to 0} \log_2 \Delta x = \infty$$

である．$H(\boldsymbol{E})$ が第2項によって $\infty$ ビットに発散するのは，任意の $x$ の値をいい当てるために $x$ の変域を2つに分けてそのどちらかを指定するという二者択一を仮に無限回繰り返したとしても，$x$ の連続性

※ $x$ の変域が $(-\infty, \infty)$ の場合についてこの定義を適用する．

のゆえに正確な答えを得られる保証がないことに対応している．すなわち，連続的信号のもつ情報量は全体として本質的に無限大ではあるが，そのほとんどは，第2項という確率密度 $p(x)$ に無関係な部分によって占められている．したがって，連続的信号のエントロピーを，無限大ではあるが $p(x)$ に無関係な定数——基準値——を差し引いて定義するのは決して不自然ではない．

さて，2つの事象系の間で考えた結合エントロピー，条件付きエントロピーおよび平均相互情報量などの各種エントロピーからのアナロジーによって，2つの連続的信号 $x(t)$ と $y(t)$ の間の各種エントロピーを以下のように導入することができる．

2つの連続的信号の時刻 $t$ における値 $x$ と $y$ の結合確率密度を $p(x,y)$ とすると，式(2･25)からのアナロジーによって連続的信号の**結合エントロピー**を

公式 $$H(x,y) = -\iint p(x,y)\log_2 p(x,y)dx\,dy \quad \cdots\cdots(5\cdot15)^{※}$$

と定義することができる．

一方，条件付き確率密度 $p(x|y)$ を用いて**条件付きエントロピー**を定義できることも，容易に納得がいくであろう．すなわち

公式 $$H(x|y) = -\iint p(x,y)\log_2 p(x|y)dx\,dy \quad \cdots\cdots(5\cdot16)$$

である．

さらに，2つの連続的信号のかかわり合いを測る尺度としての**平均相互情報量** $I(x;y)$ についても，式(2･60)に対応して

公式 $$I(x;y) = H(x) + H(y) - H(x,y) \quad \cdots\cdots(5\cdot17)$$

※ とくに断らない限り，積分範囲は $(-\infty,\infty)$ である．

と定義できる.

上に述べた各種エントロピーの間に，完全事象系の場合と同様な関係が成立することはもちろんである．つぎのようにまとめて表しておくことにしよう．

$$\left.\begin{array}{ll}\text{公式} & H(x,y)=H(x)+H(y\,|\,x)=H(y)+H(x\,|\,y)\\ \text{公式} & H(x,y)=H(y,x)\\ \text{公式} & I(x;y)=H(x)-H(x\,|\,y)=H(y)-H(y\,|\,x)\\ \text{公式} & I(x;y)=I(y;x)\end{array}\right\}\qquad\cdots\cdots(5\cdot18)$$

連続的信号のエントロピーは，無限大の基準値から測った相対量として定義されたが，いくつかの興味ある性質をもっている．たとえば，連続的信号 $x(t)$ が，ある物理現象の測定によって得られる情報を示しているとすると，測定の単位を変えることによってエントロピーも変化するという性質がみられる．そこで一般的に

$$u=f(x)\qquad\cdots\cdots(5\cdot19)$$

とおいて**変数変換**によるエントロピーの変化を考えてみることにしよう．

変数変換によって，$x(t)$ が別の連続的信号 $u(t)$ に変わったと考えるわけであるが，変数 $x$ が区間 $[x, x+\Delta x]$ に入る確率は，変数 $u$ が区間 $[u, u+\Delta u]$ に入る確率に等しいと考えてよい（図5·6）．

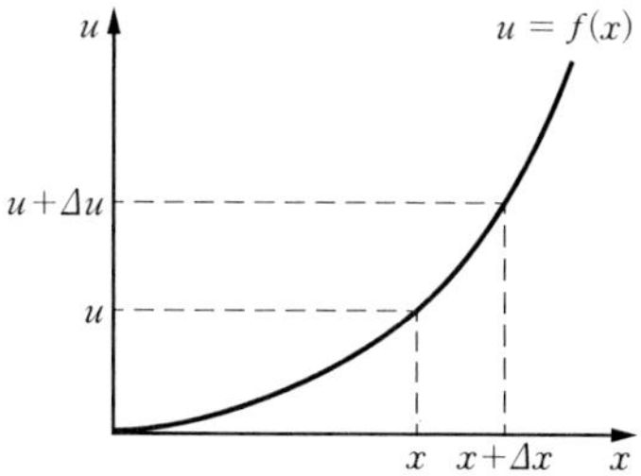


**図5・6** 変数変換 $u=f(x)$

すなわち，つぎの式が成り立つ．

$$p(x)\Delta x=p(u)\Delta u$$

$\Delta x$ と $\Delta u$ をそれぞれ微分 $dx$ と $du$ に代えて次式を得る．

$$p(u) = p(x)\frac{dx}{du} \qquad \cdots\cdots(5\cdot 20)$$

2つの連続的信号のエントロピーを $H(u)$ および $H(x)$ とすると

$$H(u) = -\int p(u)\log_2 p(u)\,du$$

となる．式(5·20)を代入して

$$H(u) = -\int p(x)\frac{dx}{du}\log_2 p(x)\frac{dx}{du}\,du$$

$$= -\int p(x)\log_2 p(x)\,dx - \int p(x)\log_2\left(\frac{dx}{du}\right)dx$$

を得る．第1項は $H(x)$ であるから

公式 $$H(u) = H(x) - \int p(x)\log_2\left(\frac{dx}{du}\right)dx \qquad \cdots\cdots(5\cdot 21)$$

という関係が成り立つことになる．

**例題5・2**

ある連続的信号 $x(t)$ を

$$u(t) = 10\,000\cdot x(t)$$

のように，10 000倍に増幅したときのエントロピー変化を調べよ．

解　与式より

$$\frac{dx}{du} = 10^{-4}$$

であり，式(5·21)に代入して

$$H(u) - H(x) = -\int p(x)\log_2 10^{-4}\,dx$$

$$= 4\log_2 10 = 13.3 \text{ ビット}$$

という結果を得る．

したがって，10 000倍に信号を増幅すると13.3ビットだけエントロピーが増加するということになる．

終り

例題5·2は，変数変換の1例として連続的信号を定数倍するという変換を扱ったものであるが，さきに触れた測定単位の変更という操作などもこれにあてはまる具体例である．たとえば，メートル（m）単位で測定された距離をミリメートル（mm）単位で表現すれば，$10^3$倍したことと同じだからである．

しかし，通常の条件下では，増幅器の雑音や観測器の精度の問題があるので，どんどん倍率を大きくすれば，いくらでもエントロピーが増加するというわけにはいかない．雑音などの影響については後に述べるが，ここでは傾向として倍率を大きくすればエントロピーも大きくなるという性質は，望遠鏡や顕微鏡などをイメージとして考えればある程度納得できることであろう．

### 5·1·3 最大エントロピー

完全事象系のエントロピーが，個々の事象の確率がすべて等しいとき最大値をとることは周知のとおりである．それでは，連続的信号のエントロピーはどのような場合に最大となり，またその最大値はどのように与えられるのであろうか？

時刻$t$における連続的信号の値$x(t)$の最大エントロピーは確率変数$x$の拘束条件によって決まるが，ここでは，**電力一定の条件**と呼ばれる場合の最大エントロピーを紹介しよう．この条件は

$$\int x^2\, p(x)dx = \sigma^2 \qquad \cdots\cdots(5\cdot22)$$

として，分散が$\sigma^2$であるという確定した値をもつ確率密度関数$p(x)$の集まりの中から，式(5·14)のエントロピーを最大にするものをみつけるという問題を提供する．この条件が“電力一定”とよばれる理由は，式(5·22)において$x$を電流とみたとき1オームの抵抗で消費される平均電力が$\sigma^2$ワットであることを意味しているからである．

この問題を解くにあたって，$p(x)$ が確率密度であるということから自明の拘束条件として

$$\int p(x)\,dx = 1 \qquad \cdots\cdots(5\cdot 23)$$

を当然考慮しておくことが必要である．

結局，電力一定の条件で最大エントロピーを求める問題は，式(5·22)および式(5·23)の2つの拘束条件のもとで，エントロピー

$$H(x) = -\int p(x) \log_2 p(x)\,dx \qquad \cdots\cdots(5\cdot 24)$$

を最大にする $p(x)$ をみい出す問題にほかならない．

例題2·4で用いたラグランジュの方法にならい，2つの未定定数を $\lambda_1$，$\lambda_2$ として，つぎのように $F$ に導入する．

$$F = H(x) - \lambda_1\left\{\int p(x)\,dx - 1\right\} - \lambda_2\left\{\int x_2\, p(x)\,dx - \sigma^2\right\} \qquad \cdots\cdots(5\cdot 25)$$

この $F$ を極大にする $p(x)$ が $H(x)$ も極大にすることは，式(5·25)の第2項，第3項がつねに0であることから明らかである．ここで，簡単のため $p(x) = p$ と書くこととし，$p$ が $p + \delta p$ に変化したとき，$F$ が変化する量を $\delta F$ とする．$\delta F$ を**変分**という．この $F$ の変分 $\delta F$ は，右辺各項の変分の和であるが，つぎのような方法で計算できる．

$$\begin{cases} \delta\left\{\int f(p)\,dx\right\} = \int \dfrac{\partial f}{\partial p}\,\delta p\,dx \\ \delta\,\{\text{定数}\} = 0 \end{cases}$$

式(5·25)より，$\delta F$ はつぎのように求められる．

$$\delta F = -\int \{\log_2 p + \log_2 e + \lambda_1 + \lambda_2 x^2\}\delta p\cdot dx$$

さて，$F$ を極大にする $p$ の近傍では，任意の $\delta p$ に対して

$$\delta F = 0$$

が成り立つはずであるから

$$\log_2 p + \log_2 e + \lambda_1 + \lambda_2 x^2 = 0 \qquad \cdots\cdots(5\cdot 26)$$

を得る．

式(5·26)より，最大エントロピーを与える$p(x)$は

$$p(x) = 2^{-(\lambda_1+\log_2 e)}\cdot 2^{-\lambda_2 x^2} \qquad \cdots\cdots(5\cdot 27)$$

となる関数であることがわかる．一般論として，以下のように式(5·27)を式(5·22)および式(5·23)に代入すれば$\lambda_1$と$\lambda_2$が確定する．

式(5·27)より

$$p(x) = \frac{1}{e}\cdot 2^{-\lambda_1}\cdot 2^{-\lambda_2 x^2} = a\cdot e^{-bx^2} \qquad \cdots\cdots(5\cdot 28)$$

とおける．ただし

$$a = \frac{1}{e}\cdot 2^{\lambda_1} \quad \text{および} \quad b = -\lambda_2 \log_e 2$$

である．式(5·28)を式(5·22)および式(5·23)に代入して

$$\int_{-\infty}^{\infty} x^2 ae^{-bx^2} dx = \sigma^2 \qquad \cdots\cdots(5\cdot 29)$$

$$\int_{-\infty}^{\infty} ae^{-bx^2} dx = 1 \qquad \cdots\cdots(5\cdot 30)$$

を得る．式(5·29)の左辺はつぎのように変形できる※．

$$\int_{-\infty}^{\infty} x^2 ae^{-bx^2} dx = \left[-\frac{axe^{-bx^2}}{2b}\right]_{-\infty}^{\infty} + \frac{1}{2b}\int ae^{-bx^2} dx$$

第1項は0，第2項は式(5·30)を代入して

$$b = \frac{1}{2\sigma^2}$$

を得る．この結果，式(5·28)より

$$p(x) = a\, e^{-\frac{x^2}{2\sigma^2}} \qquad \cdots\cdots(5\cdot 31)$$

となり，$p(x)$は平均値0の正規分布であることがわかる．係数$a$は，

※ 公式 $\int x^2 e^{Ax^2} dx = \frac{xe^{Ax^2}}{2A} - \frac{1}{2A}\int e^{Ax^2} dx$ による（部分積分）．

式(5·6)と比較のうえで決定できて，$p(x)$ が

$$p(x) = \frac{1}{\sqrt{2\pi\sigma^2}} e^{-\frac{x^2}{2\sigma^2}} \qquad \cdots\cdots(5 \cdot 32)$$

の正規分布のとき，エントロピー $H(x)$ を最大にすることが明らかとなった．

結局，**電力一定の場合の最大エントロピー** $H[\sigma^2]$ は，式(5·32)を式(5·24)に代入して以下のように求められる．

$$\begin{aligned} H[\sigma^2] &= -\int_{-\infty}^{\infty} \frac{1}{\sqrt{2\pi\sigma^2}} e^{-\frac{x^2}{2\sigma^2}} \log_2 \frac{1}{\sqrt{2\pi\sigma^2}} e^{-\frac{x^2}{2\sigma^2}} dx \\ &= -\int_{-\infty}^{\infty} p(x) \log_2 \frac{1}{\sqrt{2\pi\sigma^2}} dx + \log_2 e \int_{-\infty}^{\infty} p(x) \frac{x^2}{2\sigma^2} dx \\ &= -\log_2 \frac{1}{\sqrt{2\pi\sigma^2}} + \frac{\sigma^2}{2\sigma^2} \log_2 e \\ &= \log_2 \sqrt{2\pi\sigma^2} + \log_2 \sqrt{e} \end{aligned}$$

公式

$$= \log_2 \sqrt{2\pi e\sigma^2} \quad \text{〔ビット〕} \qquad \cdots\cdots(5 \cdot 33)$$

電力一定（$\sigma^2$）という条件のもとで，連続的信号のエントロピーを最大にするのは $p(x)$ が正規分布のときであり，その最大値 $H[\sigma^2]$ は $\log_2 \sqrt{2\pi e\sigma^2}$ であることがわかった．電力一定という条件は，ごく日常的にみられる自然な条件であり，ここでの結果は後の議論においても適宜参考にされることになる．

さきに述べたように，連続的信号の最大エントロピーは，確率変数である時刻 $t$ における信号の値に対する拘束条件に依存して決まるが，電力一定の条件とは異なる拘束条件を与えた場合の例についても考えてみよう．

**例題 5・3**

確率変数 $x$ の変化する範囲が $[-b, b]$ に制限されている場合，エントロピー

$$H(x) = -\int p(x) \log_2 p(x) dx$$

を最大にする $p(x)$ を求めよ．

**解** 変域が $[-b, b]$ であるから

$$H(x) = -\int_{-b}^{b} p(x) \log_2 p(x) dx \qquad \cdots\cdots(5\cdot 34)$$

および

$$\int_{-b}^{b} p(x) dx = 1 \qquad \cdots\cdots(5\cdot 35)$$

である．この問題は，式(5･35)の拘束条件のもとで，式(5･34)の $H(x)$ を極大にする問題であるから，まずつぎのような $F$ を与える．

$$F = -\int_{-b}^{b} p(x) \log_2 p(x) dx - \lambda \left\{ \int_{-b}^{b} p(x) dx - 1 \right\}$$

$p(x) = p$ とおくと，$F$ の変分は

$$\delta F = -\int_{-b}^{b} \{\log_2 p + \log_2 e + \lambda\} \delta p \cdot dx$$

となる．$\delta F = 0$ として

$$\log_2 p + \log_2 e + \lambda = 0$$

を得る．したがって，最大エントロピーを与える $p(x)$ はつぎのように求められる．

$$p(x) = 2^{-(\lambda + \log_2 e)} = \frac{1}{e} \cdot 2^{-\lambda}$$

明らかに $p(x)$ は定数となっているが，式(5･35)に代入してこの定数を確定させれば

$$p(x) = \frac{1}{2b}$$

となる（一様分布）．

**終り**

### 5·1·4 通信容量

連続的信号の伝達は，**連続的通信路**としてモデル化することができる．連続的通信路では，送信信号 $x$ が受信信号 $y$ として受けとられる過程で雑音による影響を受ける（図 5·7）．

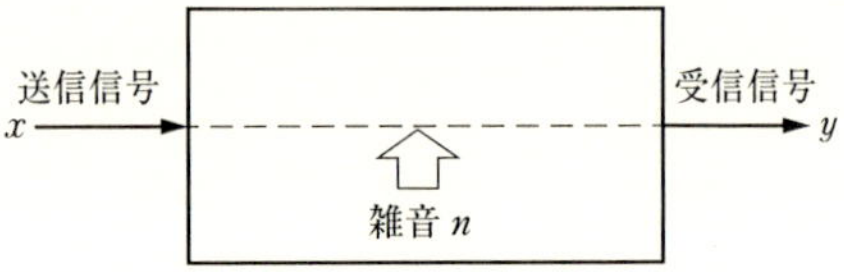


**図 5・7 連続的通信路**

ここでは，連続的通信路が雑音 $n$ に関して

$$y = x + n \qquad \cdots\cdots(5 \cdot 36)$$

のように**相加的**な特性をもっている場合を考える．また，送信信号と雑音が互いに**確率的に独立**であるとしてつぎの関係を仮定する．

$$p(x, n) = p(x)p(n) \qquad \cdots\cdots(5 \cdot 37)$$

さて，連続的通信路の**通信容量** $C$ もまた式(3·26)と同様に，**平均相互情報量の最大値**としてつぎのように定義できる．

公式 $$C = \mathrm{Max}\, I(x;y) \qquad \cdots\cdots(5 \cdot 38)$$

送信信号と雑音が互いに独立であるとする式(5·37)の仮定を念頭におきながら，平均相互情報量 $I(x;y)$ をまず計算してみよう．

式(5·18)より

$$I(x;y) = H(y) - H(y \mid x) \qquad \cdots\cdots(5 \cdot 39)$$

である．条件付きエントロピー $H(y \mid x)$ は，式(5·16)より

$$H(y \mid x) = -\iint p(x, y) \log_2 p(y \mid x)\, dx\, dy \qquad \cdots\cdots(5 \cdot 40)$$

のように与えられる．

ここで，条件付き確率密度 $p(y \mid x)$ について，式(5·36)より

$$p(y \mid x) = p(n \mid x)$$

が成り立つ．さらに，$x$ と $n$ が互いに独立であることから

$$p(n \mid x) = \frac{p(x, n)}{p(x)} = \frac{p(x)p(n)}{p(x)} = p(n)$$

を得る．したがって

$$p(y \mid x) = p(n) \qquad \cdots\cdots(5 \cdot 41)$$

である．結合確率密度についても，$x$ と $n$ の独立性を考慮してつぎの関係を得る．

$$p(x, y) = p(x)p(n) \qquad \cdots\cdots(5 \cdot 42)$$

ここで，式(5･41)と式(5･42)を式(5･40)に代入して以下の結果を得る．

$$\begin{aligned} H(y \mid x) &= -\iint p(x)p(n) \log_2 p(n) dx\, dn \\ &= -\int p(x) dx \int p(n) \log_2 p(n) dn \\ &= -\int p(n) \log_2 p(n) dn \\ &= H(n) \end{aligned} \qquad \cdots\cdots(5 \cdot 43)$$

式(5･39)および式(5･43)より，平均相互情報量は

公式 $$I(x;y) = H(y) - H(n) \qquad \cdots\cdots(5 \cdot 44)$$

と表される．

これを通信容量を定義する式(5･38)に代入して

$$C = \mathrm{Max}\,\{H(y) - H(n)\} \qquad \cdots\cdots(5 \cdot 45)$$

を得る．すなわち，送信信号と確率的に独立な雑音が**相加的**に加えられる連続的通信路の通信容量は，受信信号のエントロピー $H(y)$ と雑音のエントロピー $H(n)$ の差の最大値として与えられるというわけである．

ここで，雑音 $n$ の確率密度 $p(n)$ が分散（電力）$N$ の正規分布であると仮定し※，さらに，送信信号 $x$ の電力が一定（分散が $S$）である

※ **ガウス雑音**と呼ばれる．

と仮定した場合について式(5·45)を考えてみよう（簡単のため $n$, $x$ の平均値はともに 0 とする).

雑音 $n$ の確率密度 $p(n)$ は

$$p(n) = \frac{1}{\sqrt{2\pi N}} e^{-\frac{n^2}{2N}}$$

で与えられるから，式(5·43)に代入して

$$H(n) = \log_2 \sqrt{2\pi e N}$$

を得る（あるいは式(5·33)で $H[N]$ を求めればよい). $H(n)$ は明らかに定数であるから，通信容量は

$$C = \mathrm{Max}\{H(y)\} - \log_2 \sqrt{2\pi e N} \qquad \cdots\cdots(5 \cdot 46)$$

と書くことができる．すなわち，受信信号のエントロピーの最大値を求めることができれば，通信容量はただちに確定する.

ここで，送信信号の電力が $S$ であり，かつ雑音の電力が $N$ と仮定されているから，受信信号の電力も一定値 $S + N$ をとる※．これは，受信信号 $y$ に対する拘束条件（**電力一定**）

$$\int y^2 p(y)\,dy = S + N$$

を与えていることになり，最大エントロピーは，式(5·33)より $H[S + N]$ として与えられる．すなわち

$$\begin{aligned} \mathrm{Max}\{H(y)\} &= H[S + N] \\ &= \log_2 \sqrt{2\pi e (S + N)} \end{aligned}$$

を得る．これを式(5·46)に代入して，通信容量 C はつぎのように求められる.

$$C = \log_2 \sqrt{2\pi e (S + N)} - \log_2 \sqrt{2\pi e N}$$

公式 $$= \log_2 \sqrt{1 + \frac{S}{N}} \quad 〔ビット〕 \qquad \cdots\cdots(5 \cdot 47)$$

※ 送信信号と雑音が確率的に独立であるから.

式(5·47)は，あくまで特定の性質を仮定した連続的通信路の通信容量を与えている．仮定とした電力一定の条件は，われわれのごく身近な場面でたびたび遭遇するごく自然な条件である．通信容量の大きさを左右する $S/N$ は，ふつう**信号対雑音比**あるいはそのままで $S/N$（エスエヌ比）と呼ばれている．

図5·8に，$S/N$ が増大するにしたがって通信容量 $C$ が単調増加する様子が示されている．いま，送信信号の電力 $S$ が固定されているとき，雑音電力 $N$ が小さければ小さいほど $S/N$ は大きくなるから，通信容量 $C$ はいくらでも大きくなることになる．これは，たとえば以下のように物理量の測定過程を連続的通信路としてながめてみると，きわめて当然な性質であることが理解できる．

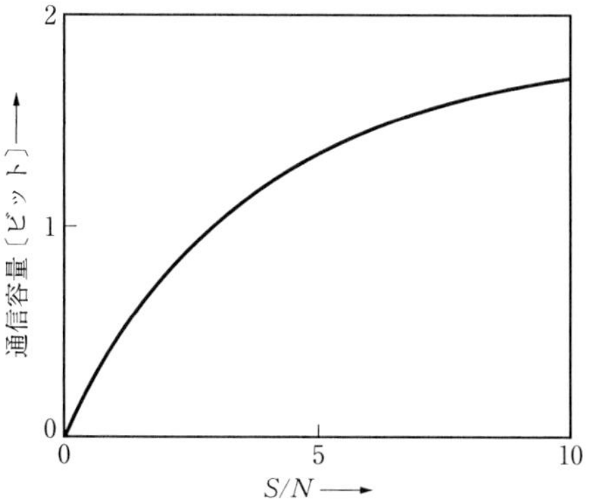


**図5・8** $S/N$ と通信容量の関係

いま，ある物理量の時刻 $t$ における値を $x$ とし，これを測定器によって測定した結果が $y$ という値として与えられるものとしよう（図5·9）．ふつう，測定には必ず誤差をともなうが，この誤差が測定過程で相加的に加わる，$x$ に独立な雑音 $n$ によるものとみなすことにすれば，この測定系によって得られる物理量 $x$ に関する平均情報量は，平均相互情報量 $I(x;y)$ にほかならず，式(5·44)より

$$I(x;y) = H(y) - H(n)$$

と与えられる．われわれは，物理量 $x$ を直接知ることはできず，観測量としての連続的信号 $y$ を通して $x$ に関する知識を得ることにな

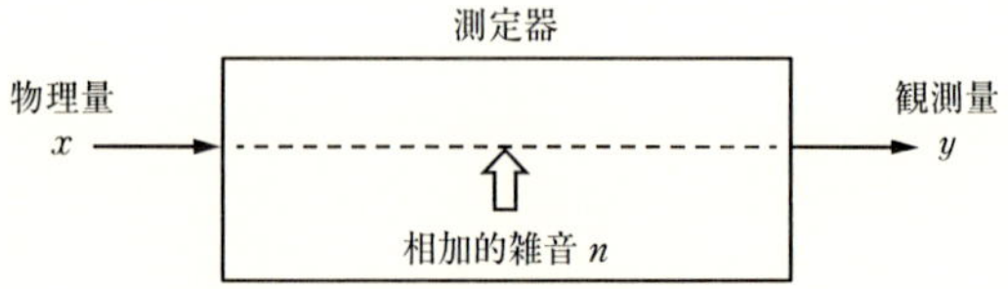


**図 5・9** 測定器を含む観測系モデル

る．このとき，エントロピー $H(y)$ は物理量 $x$ に関する“みかけ”の情報量を表しているにすぎず，実際に得られる情報量は雑音によるあいまい度つまり雑音のエントロピー $H(n)$ を差し引いた $I(x;y)$ となるのである．

雑音 $n$ がガウス雑音であるとし，物理量 $x$ の平均エネルギーが一定（電力一定）であるとすると，この測定系を通して得られる情報量――**平均相互情報量**――の最大値は，式(5･47)の通信容量 C にほかならない．ここで雑音の平均エネルギー $N$ が，誤差の大きさを支配する主な要因とみなせば，$N$ が小さい測定系は誤差の少ない，すなわち精度の高い測定系といえ，得られる情報量もぐんと多いと考えられるであろう．実際，生体系における電気的信号の測定など，微弱な連続的信号を計測する場面ではとくに測定系で発生する雑音を小さく抑制するためいろいろな工夫がこらされている．

式(5･47)を上のように測定系にあてはめて考えてみると，$N \to 0$ において $C \to \infty$ であるから，雑音を小さくすれば精度も限りなく向上し，測定によって得られる情報量も限りなく増大することになる．しかし，実際には雑音をある程度以下には小さくできない問題や，測定系自身の**周波数特性**による限界も存在する．

このような問題を考えるためには，いままで紹介したある時刻 $t$ におけるエントロピーや通信容量などの“瞬間的”な量を，**時間**と

**周波数**という2つの座標軸でつくられる領域内で有限の幅をもつ量へと拡張することが必要になってくる．

## 5・2　周波数スペクトル

### 5·2·1　フーリエ級数

ここまで，連続的信号の値を確率変数とみなして各種のエントロピーを定義し，通信容量などについて考えた．ここでは，時間 $t$ の関数として与えられる連続的信号 $f(t)$ の時間領域において値が変化するしくみ，つまり“**波形**”としての性質を調べる手法について述べる．波形は，連続的信号の値が時間の経過にしたがってどのように移り変わるかを示すものであるが，変化の急激なものあるいはゆっくりしたものなどさまざまである（図5·10）．

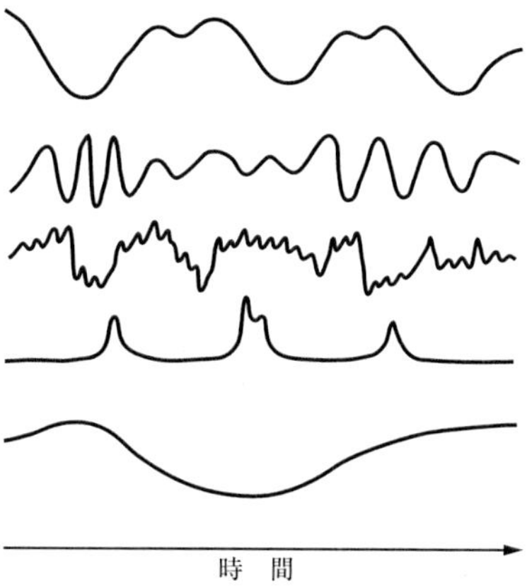


**図5・10**　いろいろな波形

連続的信号をこのような観点から調べる便利な手法の1つは，**フーリエ**（Fourier）**解析**である．フーリエ解析の基本的な考え方は，時間関数である $f(t)$ をいくつかの単振動波形の和に分解することにある．単振動波形は，たとえば

$$a\cos\omega t\quad あるいは\quad b\sin\omega t$$

のように，パラメータとして $a$ または $b$ で表される**振幅**，および(**角**)**周波数** $\omega$ を含んだ三角関数として与えられる（角周波数の単位は〔ラジアン/秒〕である）．単振動波形は微積分など解析的な取り扱いが簡

単であるから，任意の $f(t)$ をこれらの和に分解することによって，$f(t)$ 自身の波形としての性質をより簡単に調べることができるようになる．

まず，連続的信号 $f(t)$ が，図 5·11 のような**周期** $T$〔秒〕の**周期関数**であるとしよう．すなわち

$$f(t) = f(t+T) \qquad \cdots\cdots(5\cdot48)$$

という場合である※．このとき，$f(t)$ はつぎのような級数に展開できる．

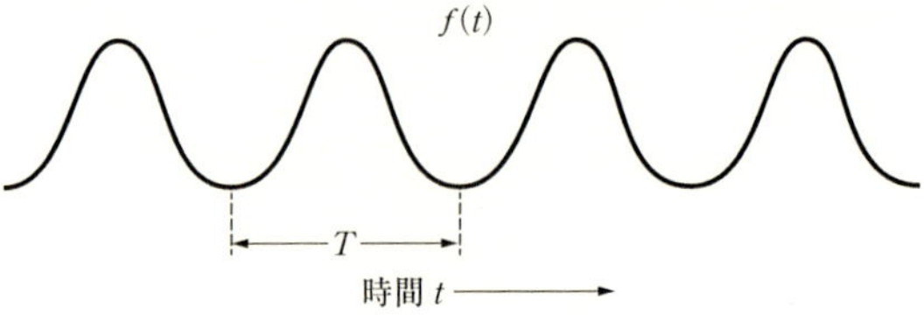


**図 5・11** 周期 $T$ の関係

$$\begin{aligned} f(t) &= \frac{a_0}{2} + (a_1 \cos \omega_0 t + b_1 \sin \omega_0 t) \\ &\quad + (a_2 \cos 2\omega_0 t + b_2 \sin 2\omega_0 t) \\ &\qquad \vdots \\ &\quad + (a_n \cos n\omega_0 t + b_n \sin n\omega_0 t) \\ &\qquad \vdots \\ &= \frac{a_0}{2} + \sum_{n=1}^{\infty} (a_n \cos n\omega_0 t + b_n \sin n\omega_0 t) \end{aligned} \qquad \cdots\cdots(5\cdot49)$$

式(5·49)を**フーリエ級数**とよび，各単振動波形の振幅 $a_0, a_1, \cdots, a_n$ および $b_1, \cdots, b_n$ などを**フーリエ係数**という（$a_0$ は $n=0$ すなわち直流に対する係数であり**直流成分**といわれることがある）．

フーリエ係数は，つぎのように求めることができる．

※ 任意の $t$ について，式(5·48)を満たす最小の 0 でない $T$ を周期という．

$$
\left.\begin{aligned}
&\text{公式}\quad a_0 = \frac{2}{T}\int_{-\frac{T}{2}}^{\frac{T}{2}} f(t)\,dt \\
&\text{公式}\quad a_n = \frac{2}{T}\int_{-\frac{T}{2}}^{\frac{T}{2}} f(t)\cos n\omega_0 t\,dt \\
&\text{公式}\quad b_n = \frac{2}{T}\int_{-\frac{T}{2}}^{\frac{T}{2}} f(t)\sin n\omega_0 t\,dt
\end{aligned}\right\} \qquad \cdots\cdots(5\cdot 50)^{※}
$$

ただし，$\omega_0$ は周期 $T$ によって

$$
\text{公式}\quad \omega_0 = \frac{2\pi}{T} \quad \text{〔ラジアン/秒〕} \qquad \cdots\cdots(5\cdot 51)
$$

と与えられる**基本周波数**である．これに対して，$\cos n\omega_0 t$ および $\sin n\omega_0 t$ は ***n* 次高調波**とよばれている．

周波数の表示方法として，式(5·51)のように単位〔ラジアン/秒〕で示される角周波数と

$$
f_0 = \frac{\omega_0}{2\pi} = \frac{1}{T} \quad \text{〔Hz〕}
$$

のように，角周波数を $2\pi$〔ラジアン〕で割った単位〔Hz〕（ヘルツ）で表示する方法がある．これは，単位円を 1 周するのに必要な時間（周期）の逆数として周波数を定義する方法であり，過去にはサイクル〔c/s〕とよばれたが現在では〔Hz〕を用いている．単位円の 1 周角が $2\pi$〔ラジアン〕であることを考えれば，2 つの表示方法の関係は明白であろう．本書では，主として角周波数を用いるが，単位として〔Hz〕を使うときは混乱のないよう明示している．

**例題 5・4**

図 5·12 に示されるような**のこぎり歯**関数 $f(t)$ をフーリエ級数に展開せよ．

※ 積分範囲は，$\left[-\frac{T}{2}, \frac{T}{2}\right]$ のほか，$[0, T]$ など適当な 1 周期であればよい．

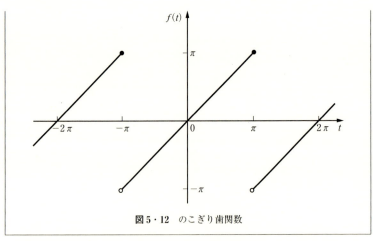

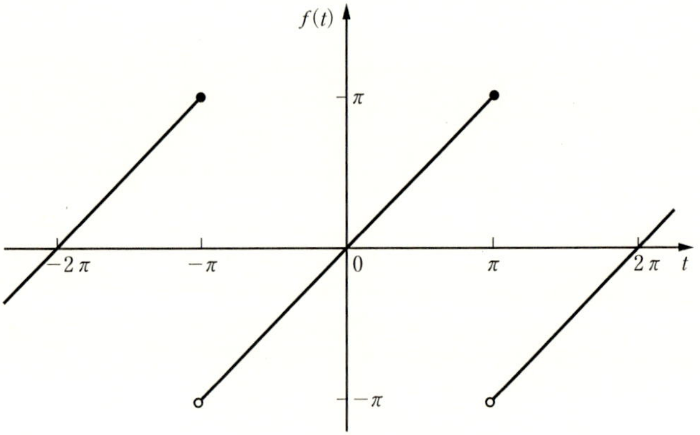


**図5・12** のこぎり歯関数

**解** 周期 $T=2\pi$ であるから，積分範囲を $[-\pi,\pi]$ にとって，式(5·50)によりフーリエ係数を求めよう．区間 $[-\pi,\pi]$ では

$$f(t)=t$$

であるからフーリエ係数は以下のように計算される（$\omega_0=2\pi/2\pi=1$）．

$$a_0=\frac{2}{2\pi}\int_{-\pi}^{\pi}t\,dt=0$$

$$a_n=\frac{2}{2\pi}\int_{-\pi}^{\pi}t\cos n\cdot t\,dt=0$$

$$b_n=\frac{2}{2\pi}\int_{-\pi}^{\pi}t\sin n\cdot t\,dt$$

$$=\frac{-1}{n\pi}[t\cos nt]_{-\pi}^{\pi}+\frac{1}{n\pi}\int_{-\pi}^{\pi}\cos nt\,dt$$

$$=-\frac{2}{n}\cos n\pi\begin{cases}=\dfrac{2}{n} & (n=\text{奇数})\\[2mm] =-\dfrac{2}{n} & (n=\text{偶数})\end{cases}$$

したがって，$f(t)$は次のようにフーリエ級数に展開できる．

$$f(t) = 2\left(\sin t - \frac{1}{2}\sin 2t + \frac{1}{3}\sin 3t - \cdots\right)$$
$$= -2\sum_{n=1}^{\infty}\{\cos n\pi\}\cdot\frac{1}{n}\sin nt \qquad \cdots\cdots(5\cdot 52)$$

この例題では，フーリエ係数 $a_n$ がすべて 0 になっているが，与えられた**のこぎり歯**関数が $f(-t) = -f(t)$ を満たす**奇関数**であるため，偶関数である cos 項が成分として含まれないことを示している．

**終り**

周期関数として与えられる連続的信号を，単振動波形の和すなわちフーリエ級数に展開できることを述べた．いま，式(5·52)に与えられているフーリエ級数（無限級数）を，仮に有限項で打ち切ったらどうなるかを調べてみよう．そこで，つぎのような関数 $f_N(t)$ を定義する．

$$f_N(t) = -2\sum_{n=1}^{N}\{\cos n\pi\}\frac{1}{n}\sin nt \qquad \cdots\cdots(5\cdot 53)$$

$f_N(t)$ は，フーリエ級数を第 1 項から順に第 $N$ 項まで加え，それ以後の項を打ち切って得られる近似関数であり，$N \to \infty$で

$$f_N(t) \to f(t)$$

のようにのこぎり歯関数に収束するはずである．

さて，図 5·13 には $N = 16, 32, 64$ および 128 のそれぞれの場合について得られた $f_N(t)$ が示されている．図から明らかなように，$N$ が大きくなるにしたがって，もとの波形 $f(t)$ が次第に忠実に再現されていく．とくに，$t = -\pi$ あるいは $\pi$ の付近でのこぎり歯関数は急激な変化をするわけであるが，これを忠実に再現するためには，$N$ を十分大きく選ばなければならないことが予想される．すなわち，急激な波形の変化を示す連続的信号は，相当高い高調波（$n$ が大

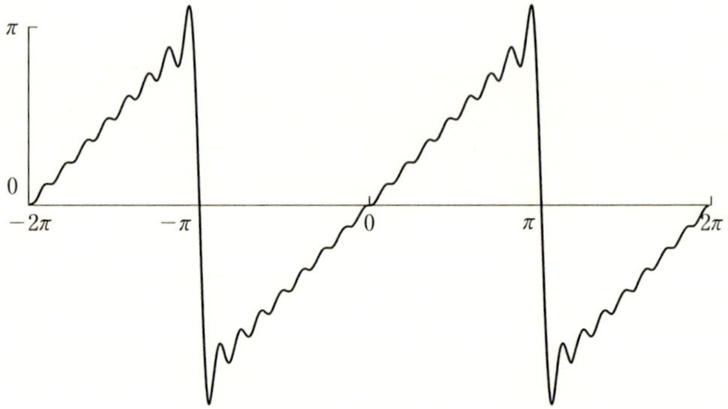


(a) $N = 16$ のとき

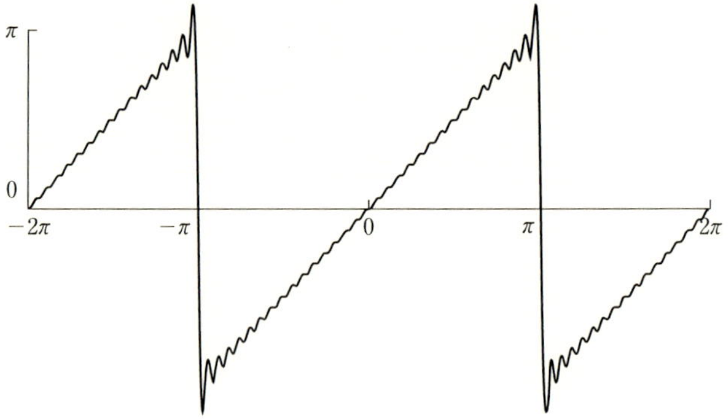


(b) $N = 32$ のとき

**図 5・13** フーリエ級数の $N$ 項近似関数 $f_N(t)$

きい）を成分として含むことが予想される．一方，ゆっくりと変化する波形をもつ連続的信号では逆に，高い高調波のフーリエ係数は小さく，低い高調波を主な成分とすることが予想されるであろう．このように，連続的信号 $f(t)$ の波形としての性質をフーリエ級数に展開することによって定量的に考えることができる．

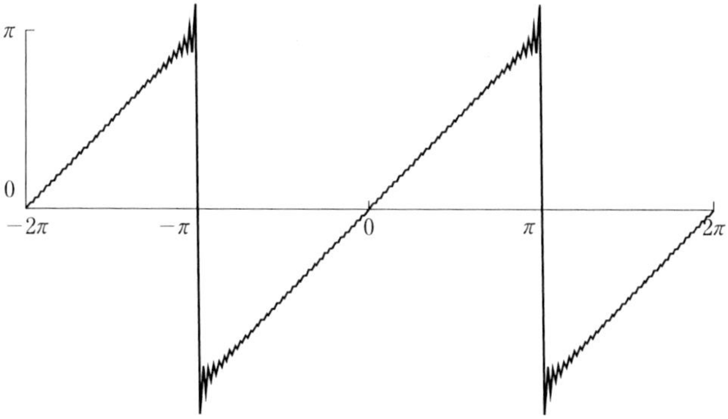


(c)　$N = 64$ のとき

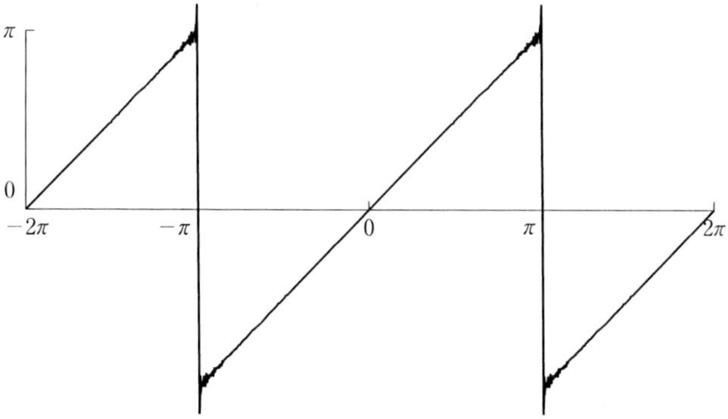


(d)　$N = 128$ のとき

**図 5・13**　フーリエ級数の $N$ 項近似関数 $f_N(t)$ （つづき）

ここで，**オイラーの恒等式**

$$e^{j\theta} = \cos\theta + j\sin\theta \qquad \cdots\cdots(5\cdot54)^{※}$$

を用いて，フーリエ級数およびフーリエ係数の表現をさらにスマートにすることを考えよう．まず，式(5･49)の第 $n$ 項を以下のように変形する．

※　$j = \sqrt{-1}$ （虚数単位）

$$
\begin{aligned}
&a_n \cos n\omega_0 t + b_n \sin n\omega_0 t \\
&\quad = a_n \frac{e^{jn\omega_0 t} + e^{-jn\omega_0 t}}{2} + b_n \frac{e^{jn\omega_0 t} - e^{-jn\omega_0 t}}{2j} \\
&\quad = \frac{a_n - jb_n}{2} e^{jn\omega_0 t} + \frac{a_n + jb_n}{2} e^{-jn\omega_0 t}
\end{aligned}
$$

ここで

$$
\left.
\begin{aligned}
C_0 &= \frac{a_0}{2} \\
C_n &= \frac{a_n - jb_n}{2} \\
C_{-n} &= \frac{a_n + jb_n}{2}
\end{aligned}
\right\} \qquad \cdots\cdots(5 \cdot 55)
$$

とおくと，式(4·49)は

公式 $$f(t) = \sum_{n=-\infty}^{\infty} C_n e^{jn\omega_0 t} \qquad \cdots\cdots(5 \cdot 56)$$ ※

と書ける．式(5·56)はフーリエ級数の**複素形式**とよばれているが，表現がすっきりしているだけでなく，式(5·55)に示されている（複素）フーリエ係数も，ただ１つの式でつぎのように簡単に表現される．

公式 $$C_n = \frac{1}{T} \int_{-\frac{T}{2}}^{\frac{T}{2}} f(t) e^{-jn\omega_0 t} dt \qquad \cdots\cdots(5 \cdot 57)$$

もちろん，$\omega_0 = 2\pi/T$ である．

たとえば，例題5·4ののこぎり歯関数のフーリエ係数を式(5·57)によって計算するとつぎのようになる．

$$
\begin{aligned}
C_n &= \frac{1}{2\pi} \int_{-\pi}^{\pi} t \cdot e^{-jnt} dt = \frac{j}{2n\pi} [t \cdot e^{-jnt}]_{-\pi}^{\pi} - \frac{1}{2n^2\pi} [e^{-jnt}]_{-\pi}^{\pi} \\
&= \frac{j}{n} \cos n\pi
\end{aligned}
$$

式(5·56)より，のこぎり歯関数は

※　負の周波数（$n\omega_0 < 0$）が導入されているが，形式的に便利なためである．

$$\sum_{n=-\infty}^{\infty} \frac{j}{n} \cos n\pi \cdot e^{jn\omega_0 t}$$

と与えられる．読者において，この式が式(5･52)と一致することを確かめられたい．

### 5･2･2　フーリエ変換

周期関数として与えられる連続的信号 $f(t)$ に対するフーリエ解析では

$$f(t) = \sum_{n=-\infty}^{\infty} C_n e^{jn\omega_0 t} \qquad \cdots\cdots(5・56)(再掲)$$

$$C_n = \frac{1}{T}\int_{-\frac{T}{2}}^{\frac{T}{2}} f(t) e^{-jn\omega_0 t} dt \qquad \cdots\cdots(5・57)(再掲)$$

のように，$f(t)$ をフーリエ級数に展開することが重要な手段となる．

しかし，連続的信号がつねに周期関数であるとは限らないので，周期をもたない，つまり図5･14のような**非周期関数**に対する一般的なフーリエ解析の手法が必要になってくる．そこで，非周期関数を**周期が無限大の**周期関数とみなして，このような手法を導くことにする．

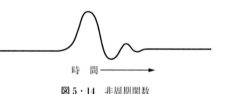

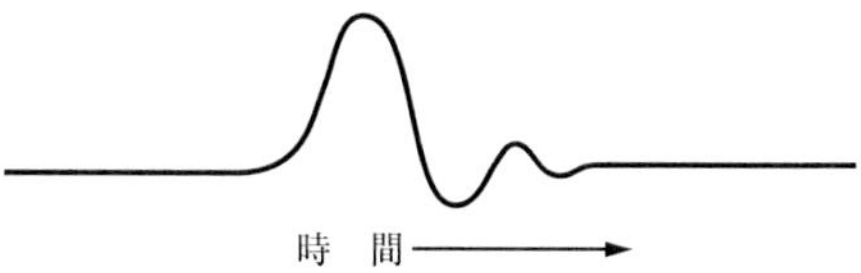


**図5・14**　非周期関数

まず，式(5･57)を式(5･56)に代入して

$$f(t) = \sum_{n=-\infty}^{\infty}\left\{\int_{-\frac{T}{2}}^{\frac{T}{2}} f(t) e^{-jn\frac{2\pi}{T}t} dt\right\} \frac{1}{2\pi} e^{jn\frac{2\pi}{T}t} \cdot \frac{2\pi}{T}$$

を得る．ここで，$T \to \infty$ において

$$n\frac{2\pi}{T} \to \omega \quad および \quad \frac{2\pi}{T} \to d\omega$$

となることに注意して，右辺を $T \to \infty$ とするとつぎの式が得られる．

$$f(t) = \frac{1}{2\pi}\int_{-\infty}^{\infty}\int_{-\infty}^{\infty} f(t)e^{-j\omega t}dt\,e^{j\omega t}d\omega$$

この式の内部の積分を分離して表示すると

公式 $$F(\omega) = \int_{-\infty}^{\infty} f(t)e^{-j\omega t}dt \qquad \cdots\cdots(5\cdot58)$$

公式 $$f(t) = \frac{1}{2\pi}\int_{-\infty}^{\infty} F(\omega)e^{j\omega t}d\omega \qquad \cdots\cdots(5\cdot59)$$

となる．式(5·58)を**フーリエ変換**とよぶ．式(5·59)は，これに対して**フーリエ逆変換**とよばれる※．

フーリエ変換によって得られる $F(\omega)$ は，式(5·57)のフーリエ係数に対応し，周波数 $\omega$ の単振動 $e^{j\omega t}$ の“振幅”に比例する量を示すものであって，**周波数スペクトル**とよばれている．前項で述べたように，周期 $T$ の周期関数では，基本周波数 $\omega_0 = 2\pi/T$ の整数倍の周波数をもつ各高調波の振幅を示すフーリエ係数によって，波形を調べることができることを理解した．一方，非周期関数 $f(t)$ に対しては周波数スペクトル $F(\omega)$ が同様の役割を果たすことになる．

**例題 5・5**

図 5·15 に示す孤立パルス $u(t)$ の周波数スペクトルをフーリエ変換によって求めよ．

$$u(t) = \begin{cases} 1 & \left(-\dfrac{l}{2} \leqq t \leqq \dfrac{l}{2}\right) \\ 0 & \left(\dfrac{l}{2} < |t|\right) \end{cases}$$

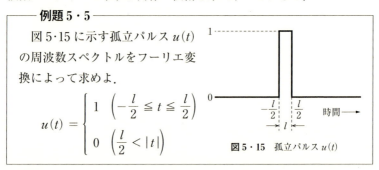

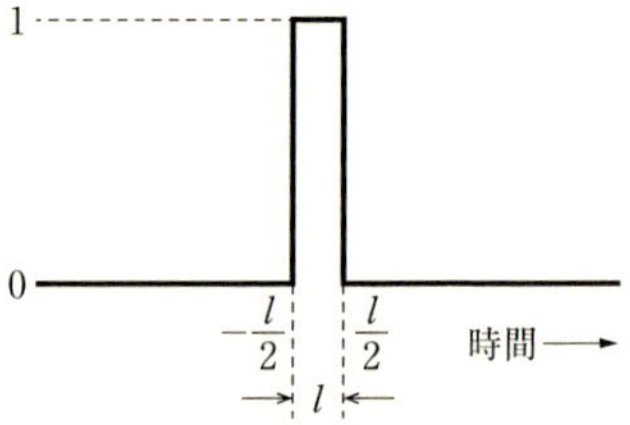


**図 5・15** 孤立パルス $u(t)$

解 式(5·58)より $u(t)$ の周波数スペクトル $U(\omega)$ はつぎのように求められる．

※ 両式を**フーリエ変換対**という．

$$
\begin{aligned}
U(\omega) &= \int_{-\frac{l}{2}}^{\frac{l}{2}} e^{-j\omega t} dt = -\frac{1}{j\omega}\left[e^{-j\omega t}\right]_{-\frac{l}{2}}^{\frac{l}{2}} \\
&= \frac{2}{\omega}\cdot\frac{e^{j\frac{\omega t}{2}} - e^{-j\frac{\omega t}{2}}}{2j} = \frac{2}{\omega}\sin\frac{\omega l}{2} = l\cdot\left\{\frac{\sin\dfrac{\omega l}{2}}{\dfrac{\omega l}{2}}\right\} \\
&= l\cdot S\left(\frac{\omega l}{2}\right) \qquad \cdots\cdots(5\cdot 60)
\end{aligned}
$$

ここで，$S(\theta) = \sin\theta/\theta$ は**標本化関数**とよばれていて，後に述べる標本化定理で重要な役割を演ずる関数である※.

さて，周波数スペクトル $U(\omega)$ の形は $S(\omega l/2)$ で決まることがわかったので，その概形は図5·16より推察できるであろう.

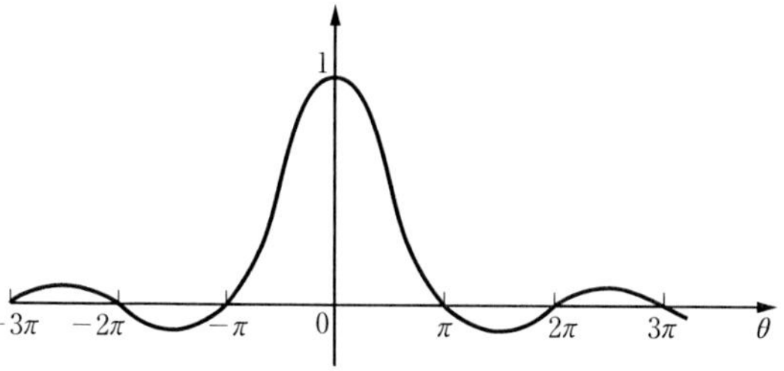


**図5・16** 標本化関数 $S(\theta)$

終り

孤立パルス $U(t)$ の周波数スペクトルは図5·16に示されるように，周波数 $\omega$ に関して全域に，連続的に広がっている．ここで孤立パルスを周期 $T$ で，時間軸上に規則的に並べて得られる周期関数

$$
u^*(t) = \sum_{n=-\infty}^{\infty} u(t+nT) \qquad \cdots\cdots(5\cdot 61)
$$

を考えよう．$u^*(t)$ のフーリエ係数と，$u(t)$ の周波数スペクトルを対応

※ $\sin 0/0 = 1$ とする.

させるとフーリエ変換を理解するうえで大いに参考になるのである．

図 5·17 に示される $u^*(t)$ のフーリエ係数 $C_n$ を式(5·57)にしたがって計算してみよう．$\omega_0 = 2\pi/T$ として

$$C_n = \frac{1}{T}\int_{-\frac{l}{2}}^{\frac{l}{2}} e^{-jn\omega_0 t}dt = -\frac{1}{jn\omega_0 T}[e^{-jn\omega_0 t}]_{-\frac{l}{2}}^{\frac{l}{2}}$$

$$= \frac{l}{T}\left\{\frac{\sin\dfrac{n\omega_0 l}{2}}{\dfrac{n\omega_0 l}{2}}\right\} = \frac{l}{T}S\left(\frac{n\omega_0 l}{2}\right) \qquad \cdots\cdots(5·62)$$

を得る．式(5·60)および式(5·62)を比較すると，フーリエ係数 $C_n$ は定数係数を除けば，周波数スペクトル $U(\omega)$ の

$$\omega = n\omega_0 = n\cdot\frac{2\pi}{T}$$

における値にほかならないことがわかる．すなわち，$u^*(t)$ のフーリエ係数は，孤立パルスの周波数スペクトル $U(\omega)$ を，間隔 $\omega_0$ で等間

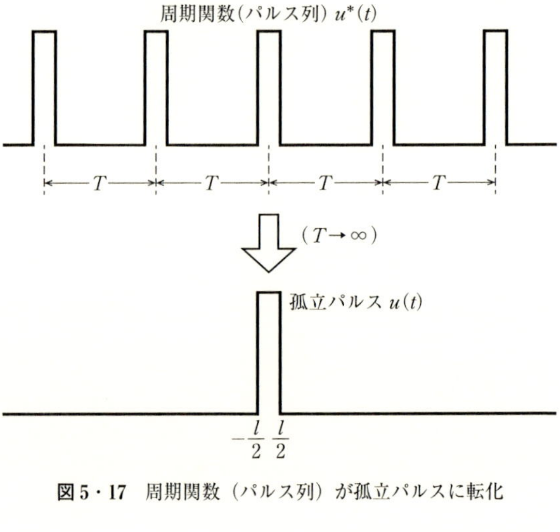


**図 5・17** 周期関数（パルス列）が孤立パルスに転化

隔に飛び飛びに標本化して得られる値にすぎない(図5·18). ここで, $T \to \infty$ とすれば, $u^*(t)$ の中央のパルスだけが残り, ほかはすべて無限のかなたへ消失するから

$$u^*(t) \to u(t)$$

となり, それにともなって標本間隔も

$$\omega_0 = \frac{2\pi}{T} \to 0$$

となる. すなわち, 周期関数 $u^*(t)$ が孤立パルス $u(t)$ に接近するにつれ, フーリエ係数の全体が周波数スペクトルに近づいていく様子が理解できるであろう.

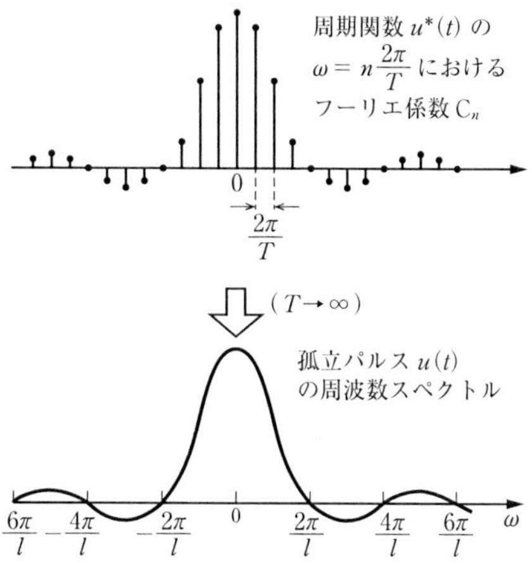


**図5・18** フーリエ係数列が周波数スペクトルに転化

さて, フーリエ変換および逆変換

$$\begin{cases} F(\omega) = \displaystyle\int_{-\infty}^{\infty} f(t) e^{-j\omega t} dt & \cdots\cdots(5 \cdot 58)(\text{再掲}) \\ f(t) = \dfrac{1}{2\pi} \displaystyle\int_{-\infty}^{\infty} F(\omega) e^{j\omega t} d\omega & \cdots\cdots(5 \cdot 59)(\text{再掲}) \end{cases}$$

に関連する重要な事項のいくつかを紹介する.

連続的信号 $f(t)$ が実数関数であるとき, $\bar{F}(\omega)$ を $F(\omega)$ の複素共役とすると

$$\bar{F}(\omega) = F(-\omega) \qquad \cdots\cdots(5 \cdot 63)$$

が成り立つ. これは式(5·58)より明らかであろう. 周波数スペクトル $F(\omega)$ に対して

$$\bar{F}(\omega) F(\omega) = |F(\omega)|^2$$

を, **エネルギー (電力) スペクトル**という.

全エネルギーについて

公式 $$\int_{-\infty}^{\infty} f^2(t)\,dt = \frac{1}{2\pi}\int_{-\infty}^{\infty} |F(\omega)|^2 d\omega \qquad \cdots\cdots(5 \cdot 64)$$

が成り立つ．これを**パーセバル**（Parseval）**の等式**という．パーセバルの等式は，連続的信号の全エネルギーが時間領域でみても周波数領域でみても同じであることを示しており，表現の形式によらない不変量であることがわかる．

さて，連続的信号 $f(t)$ を，時間 $\tau$ だけずらせると

$$f(t-\tau)$$

のように示される関数が得られる（図 5･19）．

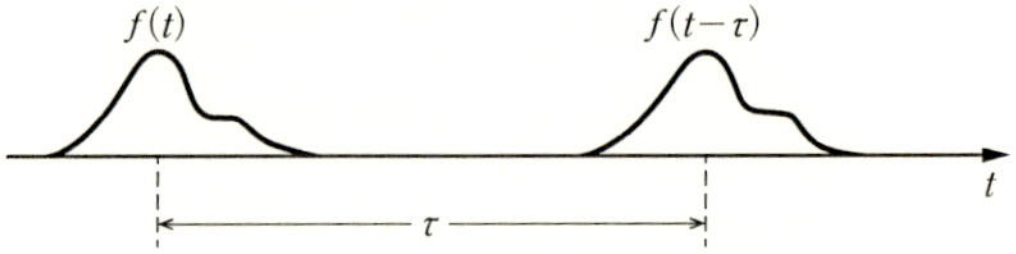


**図 5・19** 連続的信号の時間軸上での移動

連続的信号 $f(t)$ において，時間 $\tau$ だけ離れた 2 つの時刻における値がどのような関連性をもつかを示す尺度として

公式 $$\phi(\tau) = \int_{-\infty}^{\infty} f(t) f(t-\tau)\,dt \qquad \cdots\cdots(5 \cdot 65)$$

で表される**自己相関関数**を定義することができる．

関数 $f(t-\tau)$ の周波数スペクトルが

$$F(\omega)e^{-j\omega\tau} \qquad \cdots\cdots(5 \cdot 66)$$

となることは，式(5･58)のフーリエ変換において $t \to t-\tau$ と置換すれば明らかであろう．そこで，式(5･59)と式(5･65)を用いて

$$\phi(\tau) = \frac{1}{2\pi}\int_{-\infty}^{\infty} f(t)\int_{-\infty}^{\infty} F(\omega)e^{-j\omega\tau}e^{j\omega t}\,d\omega\,dt$$

$$= \frac{1}{2\pi}\int_{-\infty}^{\infty} F(\omega)e^{-j\omega\tau}\int_{-\infty}^{\infty} f(t)e^{j\omega t}\,dt\,d\omega$$

$$= \frac{1}{2\pi}\int_{-\infty}^{\infty} F(\omega)e^{-j\omega\tau}F(-\omega)d\omega$$

$$= \frac{1}{2\pi}\int_{-\infty}^{\infty} |F(\omega)|^2 e^{-j\omega\tau}d\omega$$

$(|F(\omega)|^2 = |F(-\omega)|^2$ だから$)$

公式 $$= \frac{1}{2\pi}\int_{-\infty}^{\infty} |F(\omega)|^2 e^{j\omega\tau}d\omega \qquad \cdots\cdots(5\cdot67)$$

を得る．すなわち，自己相関関数は，エネルギースペクトル $|F(\omega)|^2$ のフーリエ逆変換であることがわかる．式(5·67)は，**ウィーナ-キンチン**（Wiener-Khintchin）**の関係式**とよばれ，雑音波形の解析などにしばしば用いられる重要な公式である．$\tau = 0$ とおけばパーセバルの等式と一致することに注意しよう．

つぎに，デルタ関数とよばれる便利な関数を紹介しておく．

例題 5·5 に現れた孤立パルス $u(t)$ に，パルス幅の逆数 $1/l$ を乗じて

$$d(t) = \frac{u(t)}{l} \qquad \cdots\cdots(5\cdot68)$$

となる関数を定義する．関数 $d(t)$ について

$$\int_{-\infty}^{\infty} d(t)dt = 1$$

および，周波数スペクトルが

$$D(\omega) = S\left(\frac{\omega l}{2}\right)$$

となることは明らかであろう．

ここで

$$\delta(t) = \lim_{l\to 0} d(t) \qquad \cdots\cdots(5\cdot69)$$

によって定義される関数※ を**デルタ関数**とよぶ．デルタ関数は，幅がなく値が無限大の仮想的なパルスで，しばしば**インパルス**とよばれて

※ 超関数とよばれる．

いる．$\delta(t)$ は，$d(t)$ と同様

$$\int_{-\infty}^{\infty}\delta(t)dt = 1 \qquad \cdots\cdots(5\cdot70)$$

を満足する関数である．$\delta(t)$ の周波数スペクトルは，$l\to 0$ で $D(\omega)\to 1$ となることから

$$\int_{-\infty}^{\infty}\delta(t)e^{-j\omega t}dt = 1 \qquad \cdots\cdots(5\cdot71)$$

のように一定値となる．すなわち，**すべての周波数 $\omega$ を均等に含んだ理想的な波形**と考えることができる．

$\delta$ 関数の興味ある性質の1つは，任意の関数 $f(t)$ に関して，$t = t_0$ に立つデルタ関数 $\delta(t-t_0)$ が

公式
$$f(t_0) = \int_{-\infty}^{\infty}\delta(t-t_0)f(t)dt \qquad \cdots\cdots(5\cdot72)$$

という関係を与えることである．式(5·71)は式(5·72)の具体例の1つと考えることができる．

### 5·2·3 不確定性原理

連続的信号 $f(t)$ をフーリエ変換することによって，周波数スペクトル $F(\omega)$ が得られることについて述べた．フーリエ変換と逆変換が，$f(t)$ と $F(\omega)$ の1対1の対応を与えていることから，$f(t)$ と $F(\omega)$ とは結局連続的信号という1つの実体を時間と周波数という2つの領域で表現する際の表現形式の相違にすぎないといえよう．

孤立パルスでは，パルス幅 $l$ が大きくなるにつれ，周波数スペクトルの“広がり”は小さくなる．このことから，傾向として連続的信号の時間領域および周波数領域における“広がり”は，それぞれ逆比例の関係にあることが推察される．それでは，時間領域と周波数領域における連続的信号の“広がり”を，同時にどの辺まで小さくできるであろうか？　この問題は**ゲイバー**（Gabor）[11] らによって研究され，

時間領域の広がり $\Delta t$ および周波数領域の広がり $\Delta\omega$ を，それぞれ

$$(\Delta t)^2 = \frac{\int_{-\infty}^{\infty} t^2 f^2(t)\,dt}{\int_{-\infty}^{\infty} f^2(t)\,dt} \qquad \cdots\cdots(5\cdot 73)^{※}$$

$$(\Delta t)^2 = \frac{\frac{1}{2\pi}\int_{-\infty}^{\infty} \omega^2 |F(\omega)|^2\,d\omega}{\frac{1}{2\pi}\int_{-\infty}^{\infty} |F(\omega)|^2\,d\omega} \qquad \cdots\cdots(5\cdot 74)$$

と定義したとき，$\Delta t$ と $\Delta\omega$ について

公式　$$\Delta t \cdot \Delta\omega \geqq \frac{1}{2} \qquad \cdots\cdots(5\cdot 75)$$

という関係が成り立つことがわかっている．

すなわち，連続的信号の時間領域と周波数領域の広がりを同時に小さく抑制するには限度があり，一方だけをぐんと小さくしようとすれば，他方の広がりが大きくなるのは避けられないことになる（図 5・20）．この意味で，式(5・75)の関係は時間と周波数に関する**不確定性原理**とよばれている．

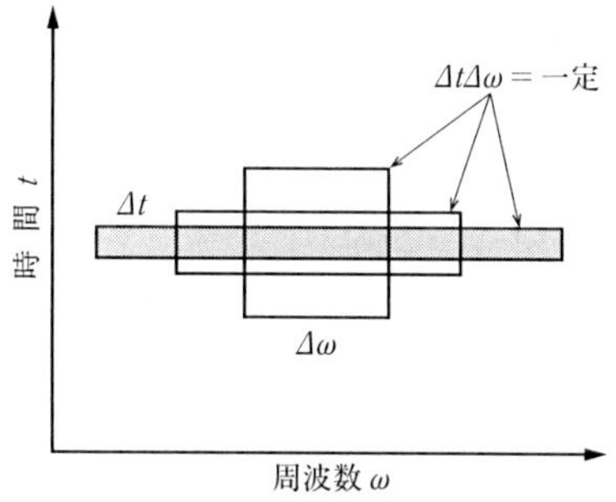


**図 5・20**　時間と周波数に関する不確定性原理

実在する伝送系は，一般的傾向として，その伝送系を通過する連続的信号の周波数スペクトルのうち，ある程度以上の高い周波数成分をしゃ断してしまうという特性をもっている．したがって，一般に，伝送系は周波数領域に関して信号の通過を許す範囲が限定されるのが実情であり，この範囲は**周波数帯域**とよばれている．通過が許される最

※　$f(x)$ は実数関数とする．また $t$ の平均値は 0 とする．

高周波数を $\Omega = 2\pi W$ とすると，周波数帯域は，負の周波数を加えて

$$-\Omega \leqq \omega \leqq \Omega$$

の範囲として示され，簡単に $[-\Omega, \Omega]$ と書かれる．この場合，**周波数帯域幅**は正の周波数のみに着目して，$\Omega$ あるいは $W$〔Hz〕であると表現される．

さて，時間 $T$〔秒〕の間に周波数帯域幅 $\Omega = 2\pi W$ の伝送系を通してどれ位の情報を伝達できるかを不確定性原理にしたがって考えてみよう．この問題は，面積 $T\Omega = 2\pi TW$ の長方形に，たがいに区別がつく連続的信号の最小単位 $\Delta t\Delta\omega = \varepsilon$ を何個選べるかということに帰する（$\varepsilon \geqq 1/2$）．1 個の最小単位で伝達できる情報量が一定であると考えると，全体で伝達できる情報量は

$$\frac{2\pi TW}{\varepsilon}$$

に比例することになる．定数項をひっくるめた比例定数 $\alpha$ を考えれば，時間 $T$，周波数帯域幅 $W$〔Hz〕の伝送系が伝達できる情報量は

$$\alpha TW \text{〔ビット〕} \qquad \cdots\cdots(5 \cdot 76)$$

と書ける．長方形 $T\Omega$ の使い方の例として時間軸に平行に最小単位を選ぶ方法や，周波数軸に平行に区切る方法が考えられる（図 5·21）．

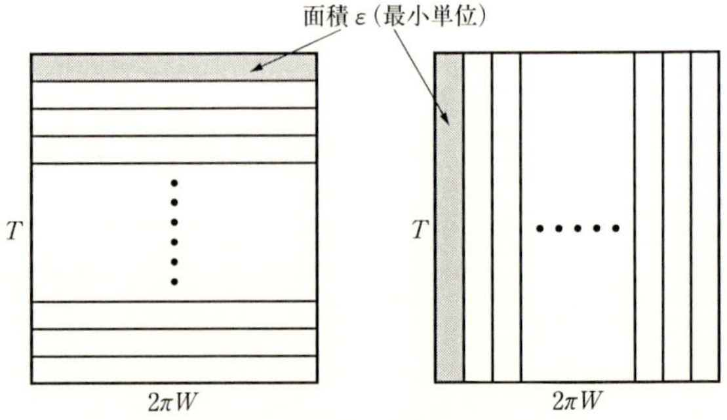


**図 5・21**　長方形 $2\pi TW$ の使い方の 2 例

ここで，式(5·75)の不確定原理を証明することにしよう．

**証明**

まずフーリエ変換に関連して

$$\frac{df(t)}{dt} = \frac{1}{2\pi}\int j\omega F(\omega)e^{j\omega t}d\omega \qquad \cdots\cdots(5\cdot77)$$

が成立することに注意しよう．これは，式(5·59)より明らかであろう．

式(5·73)および式(5·74)の分母はパーセバルの等式により等しいから

$$S = \int_{-\infty}^{\infty} f^2(t)dt = \frac{1}{2\pi}\int_{-\infty}^{\infty}|F(\omega)|^2 d\omega \qquad \cdots\cdots(5\cdot78)$$

とおき，両式を辺々かけ合わせて

$$(\Delta t)^2(\Delta\omega)^2 = \frac{1}{2\pi S^2}\int_{-\infty}^{\infty} t^2 f^2(t)dt\int_{-\infty}^{\infty}\omega^2|F(\omega)|^2 d\omega$$

$$= \frac{1}{2\pi S^2}\int_{-\infty}^{\infty} t^2 f^2(t)dt\int_{-\infty}^{\infty}|j\omega F(\omega)|^2 d\omega$$

（式(5·77)とパーセバルの等式により）

$$= \frac{1}{S^2}\int_{-\infty}^{\infty} t^2 f^2(t)dt\int_{-\infty}^{\infty}\left\{\frac{df(t)}{dt}\right\}^2 dt$$

（**シュバルツ**（Schwaltz）**の不等式**により）

$$\geqq \frac{1}{S^2}\left\{\int_{-\infty}^{\infty} tf(t)\frac{df(t)}{dt}dt\right\}^2 \qquad \cdots\cdots(5\cdot79)$$

を得る．

**シュバルツの不等式**は，一般に，2つの実数関数 $g(t)$ と $h(t)$ について

**公式**　$$\int_{-\infty}^{\infty} g^2(t)dt\int_{-\infty}^{\infty} h^2(t)dt \geqq \left\{\int_{-\infty}^{\infty} g(t)h(t)dt\right\}^2$$

と書かれるもので，とくにある定数 $a$ に対して

$$h(t) = ag(t) \qquad \cdots\cdots(5\cdot80)$$

のとき，等号が成立するものである．

さて，式(5·79)の積分は部分積分を用いてつぎのように求められる．

$$\int_{-\infty}^{\infty} tf(t)\frac{df(t)}{dt}dt = [tf^2(t)]_{-\infty}^{\infty} - \int_{-\infty}^{\infty} f^2(t)dt - \int_{-\infty}^{\infty} tf(t)\frac{df(t)}{dt}dt$$

右辺第3項を左辺に移項して

$$2\int_{-\infty}^{\infty} tf(t)\frac{df(t)}{dt}dt = [tf^2(t)]_{-\infty}^{\infty} - \int_{-\infty}^{\infty} f^2(t)dt$$

とする．ここで，$f^2(\infty) = f^2(-\infty) = 0$ とおくと※，第1項は0，したがって式(5·78)より

$$\int_{-\infty}^{\infty} tf(t)\frac{df(t)}{dt}dt = -\frac{S}{2}$$

を得る．式(5·79)に代入して

$$\Delta t \cdot \Delta\omega \geqq \frac{1}{2}$$

という結果が導かれる．

**証明終り**

とくに，等号が成立する場合について式(5·80)を参考にすれば，式(5·79)より

$$\frac{df(t)}{dt} = a \cdot tf(t)$$

という関係を得る．この式を変形するとつぎのようになる．

$$\int \frac{df}{f} = \int at\,dt$$

これを解くと

$$\log_e f = \frac{a}{2}t^2 + c$$

※ 実在する連続的信号を考える．

が得られる（$c$ は積分定数）．この式を書き直すと

$$f(t) = Ae^{Bt^2} \qquad \cdots\cdots(5 \cdot 81)$$

で示される $f(t)$ が求まる．ただし，$A$ および $B$ は，定数 $a$ と $c$ によって決まる定数であり，$f^2(\infty) = f^2(-\infty) = 0$ であるとすれば $B < 0$ でなければならない．

すなわち，式(5·75)において等号が成立する連続的信号は，**正規分布型の波形**をもつものであることがわかる．

## 5・3 標本化定理

### 5·3·1 周波数帯域の制限

一般に，測定系を含めた連続的信号の伝送系は，周波数スペクトルに関して通過を許す周波数の範囲，つまり周波数帯域をもっている．とくに，**低域通過型**（ローパス型）とよばれる周波数帯域が現実的な意味をもっている．たとえば，直流（周波数 0 の単振動）から，周波数 $\Omega$ までの範囲 $[0, \Omega]$ を自由に通過させ，$\Omega$ より高い周波数成分は完全にしゃ断するような幅 $\Omega$ の周波数帯域のことをさすものである．

いま，周波数スペクトルが $G(\omega)$ である連続的信号 $g(t)$ が，このような低域通過型の伝送系を通ると

$$\hat{G}(\omega) = \begin{cases} G(\omega) & (-\Omega \leqq \omega \leqq \Omega^{※}) \\ 0 & (\Omega < |\omega|) \end{cases}$$

のように $\Omega$ より高い周波数成分を含まない周波数スペクトル $\hat{G}(\omega)$ をもつ信号 $\hat{g}(t)$ に変わってしまう．

われわれが実際に取り扱うことのできる連続的信号 $f(t)$ は，測定系，変換系あるいは伝送系などを通過してきたものが多いから，その

※ 形式的に負の周波数を加えてみかけの帯域を $[-\Omega, \Omega]$ としている．

周波数スペクトル $F(\omega)$ が

$$-\Omega \leqq \omega \leqq \Omega$$

の範囲で値をもち，その外側（$|\omega| > \Omega$）では0となる最高周波数 $\Omega$ が存在すると考えるのが自然である．このように，有限の最高周波数 $\Omega$ をもち，それより高い周波数成分を含まないものを**帯域制限された連続的信号**とよんでいる（図5·22）．

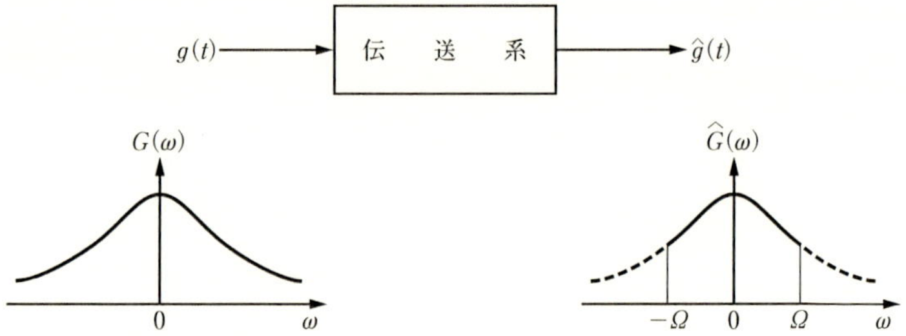


**図5・22** 帯域制限

**例題5・6**

つぎのような周波数スペクトル $F(\omega)$ をもつ帯域制限された連続的信号 $f(t)$ の波形を求めよ．

$$F(\omega) = \begin{cases} 1 & (-\Omega \leqq \omega \leqq \Omega) \\ 0 & (\Omega < |\omega|) \end{cases}$$

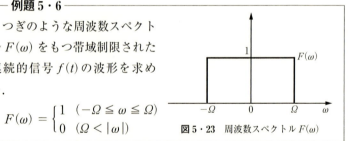

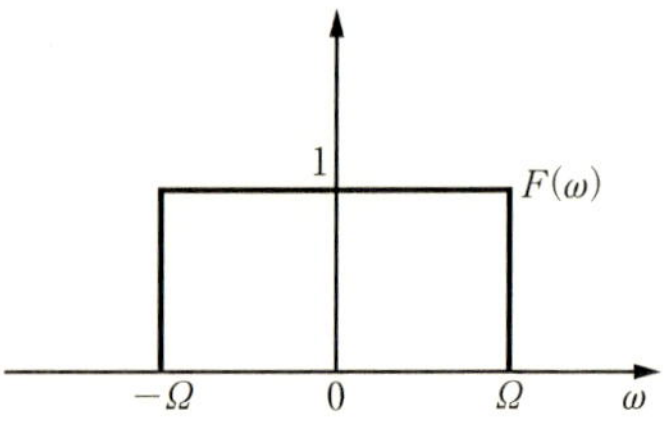


**図5・23** 周波数スペクトル $F(\omega)$

**解** $F(\omega)$ をフーリエ逆変換すればよい．式(5·59)より $f(t)$ はつぎのように求められる．

$$f(t) = \frac{1}{2\pi}\int_{-\Omega}^{\Omega} e^{j\omega t} d\omega = \frac{1}{2j\pi t}\left[e^{j\omega t}\right]_{-\Omega}^{\Omega}$$

$$= \frac{1}{\pi t}\cdot\frac{e^{j\Omega t} - e^{-j\Omega t}}{2j}$$

公式 $$= \frac{\Omega}{\pi} S(\Omega t) \qquad \cdots\cdots(5 \cdot 82)$$

ただし，$S(\cdot)$ は標本化関数である．

$f(t)$ の概形を図 5･24 に示す．

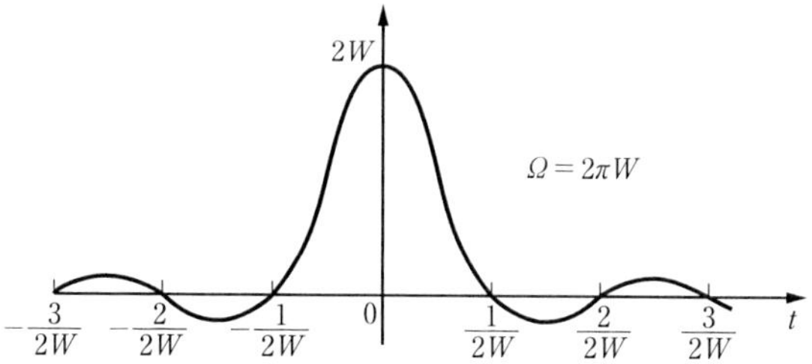


**図 5・24** 連続的信号 $f(t)$（$F(\omega)$ のフーリエ逆変換）

終り

### 5･3･2 標本化定理

5･2 節でフーリエ級数およびフーリエ変換について述べたなかで，連続的信号 $f(t)$ の波形がいくつかの単振動波形の和として表現できるということが明らかになった．すなわち，関数 $f(t)$ の“波形”は，ゆっくりと変化する低い周波数の単振動から激しく変化する高い周波数の単振動までさまざまな単振動波形の和として表現され，それぞれの単振動のウエイトはフーリエ係数，または周波数スペクトルという形で与えられた．

もし，$f(t)$ が帯域制限された連続的信号である場合，最高周波数 $\Omega$ より高い周波数をもつ単振動波形は含まれていないから，$f(t)$ の波形は，ある程度以上の急激な変化がない“**なめらか**”なものと考えてよいであろう．このような性質をもつ連続的信号に対してつぎの定理が成り立つ．

**【定理 3】** $\Omega = 2\pi W$〔ラジアン/秒〕※ より高い（角）周波数成分を含まない帯域制限された連続的信号 $f(t)$ は，$1/2W$〔秒〕間隔※※ にとった標本値のみによって再現できる．すなわち，$f(t)$ は

公式 $$f(t) = \sum_{k=-\infty}^{\infty} f\left(\frac{k}{2W}\right) S(2\pi Wt - k\pi) \quad \cdots\cdots(5 \cdot 83)$$

と表すことができる．ただし，$S(\theta)$ は標本化関数 $\sin\theta/\theta$ である．

この定理は，時間 $t$ の経過にしたがって値が連続的に変わっていく波形 $f(t)$ が，時間軸上の離散的な時刻 $k/2W$（$k$ は整数）における値（標本値）だけで確定することを示している．すなわち，隣りあう 2 つの標本点の間のすべての時刻における値は，式(5·83)に示されるように，各標本値によって重みづけられた標本化関数の和として自動的に決定されてしまうのである．隣りあう 2 つの標本点（たとえば $\dfrac{k}{2W}$ と $\dfrac{k+1}{2W}$）の間の値のとり方は無限の自由度があるようにみえるけれども，実際には予想に反して 2 つの標本点の間のすべての値は両端の標本値に依存して一意的に決まってしまうので自由度はまったくないのである．これは，さきに述べた帯域制限された信号の波形が一定の“なめらかさ”をもっているという事実と表裏一体をなしている．

帯域制限された連続的信号のもつ興味深い性質を明らかにした定理 3 は**標本化定理**と呼ばれ，工学的にも意義のある内容をもっている．さて，この定理の証明を以下に示しておこう．

**証明**

$\Omega = 2\pi W$ より高い周波数成分を含まないから，式(5·59)より連続的信号 $f(t)$ はつぎのように表すことができる．

$$f(t) = \frac{1}{2\pi}\int_{-2\pi W}^{2\pi W} F(\omega) e^{j\omega t}\, d\omega \quad \cdots\cdots(5 \cdot 84)$$

---

※ $W$〔Hz〕

※※ **ナイキスト**（Nyquist）**間隔**とよばれている．

ここで，周波数スペクトル $F(\omega)$ は，周波数帯域 $[-2\pi W, 2\pi W]$ 内でのみ値をもつ関数であるが，図5·25の点線のように帯域の両側につぎからつぎへと同じ形の関数を接続していくと，全体として1つの周期関数が得られる．この周期関数は区間

$$-2\pi W \leqq \omega \leqq 2\pi W$$

では $F(\omega)$ と完全に一致する．したがって式(5·84)の $F(\omega)$ を仮にこの周期関数とみなしても，とくに問題を生ずることはないであろう．そこで，以後 $F(\omega)$ を図5·25に示される周期関数と考えていくことにする．

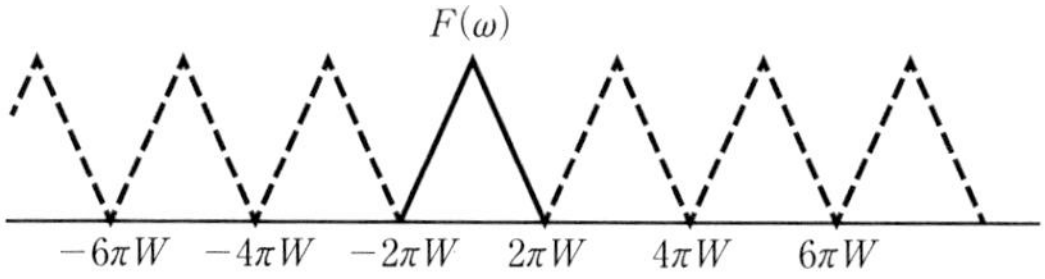


**図5・25**　帯域制限された周波数スペクトルの周期関数化

前述のように，周期関数はフーリエ級数に展開できる．式(5·57)は，時間領域における関数 $f(t)$ のフーリエ係数を与えるものであるが，上に述べた周期関数 $F(\omega)$ のフーリエ係数は変数 $t \to \omega$ および周期 $T \to 4\pi W$ と置換して

$$B_k = \frac{1}{4\pi W}\int_{-2\pi W}^{2\pi W} F(\omega) e^{-j\frac{k}{2W}\omega}\, d\omega \qquad \cdots\cdots(5\cdot85)$$

と表すことができる．

式(5·84)および式(5·85)を比較すると，フーリエ係数 $B_k$ はつぎのように書ける．

$$B_k = \frac{1}{2W} f\left(-\frac{k}{2W}\right) \qquad \cdots\cdots(5\cdot86)$$

フーリエ係数 $B_k$ を用いて，周期関数 $F(\omega)$ は，式(5·56)を参考に

して

$$F(\omega) = \sum_{k=-\infty}^{\infty} B_k e^{j\frac{k}{2W}\omega} \qquad \cdots\cdots(5\cdot 87)$$

と周波数領域におけるフーリエ級数に展開される．

ここで，式(5·86)と式(5·87)を式(5·84)に代入して以下の結果が得られる．

$$f(t) = \frac{1}{2\pi}\int_{-2\pi W}^{2\pi W}\left\{\sum_{k=-\infty}^{\infty} B_k e^{j\frac{k}{2W}\omega}\right\} e^{j\omega t} d\omega$$

$$= \frac{1}{4\pi W}\int_{-2\pi W}^{2\pi W}\left\{\sum_{k=-\infty}^{\infty} f\left(-\frac{k}{2W}\right) e^{j\frac{k}{2W}\omega}\right\} e^{j\omega t} d\omega$$

($k$ と $-k$ を入れ換えても同じだから)

$$= \frac{1}{4\pi W}\int_{-2\pi W}^{2\pi W}\left\{\sum_{k=-\infty}^{\infty} \left(\frac{k}{2W}\right) e^{-j\frac{k}{2W}\omega}\right\} e^{j\omega t} d\omega \qquad \cdots\cdots(5\cdot 88)$$

$$= \frac{1}{2W}\sum_{k=-\infty}^{\infty} f\left(\frac{k}{2W}\right)\frac{1}{2\pi}\int_{-2\pi W}^{2\pi W} e^{j\left(t-\frac{k}{2W}\right)\omega} d\omega$$

(式(5·82)を参考にして)※

$$= \frac{1}{2W}\sum_{k=-\infty}^{\infty} f\left(\frac{k}{2W}\right)\frac{2\pi W}{\pi} S\left(2\pi W\left(t - \frac{k}{2W}\right)\right)$$

$$= \sum_{k=-\infty}^{\infty} f\left(\frac{k}{2W}\right) S(2\pi W t - k\pi) \qquad \cdots\cdots(5\cdot 83)\ (再掲)$$

**証明終り**

関数 $S(\cdot)$ は，式(5·83)に示されるように標本化定理において重要な役割を演じており，このことに由来して標本化関数という名前となっているのである．そこで，標本化関数について少し考えてみることにしよう．

式(5·83)に現れている標本化関数の概形は図 5·26 に示されている

---

※ $\Omega = 2\pi W$

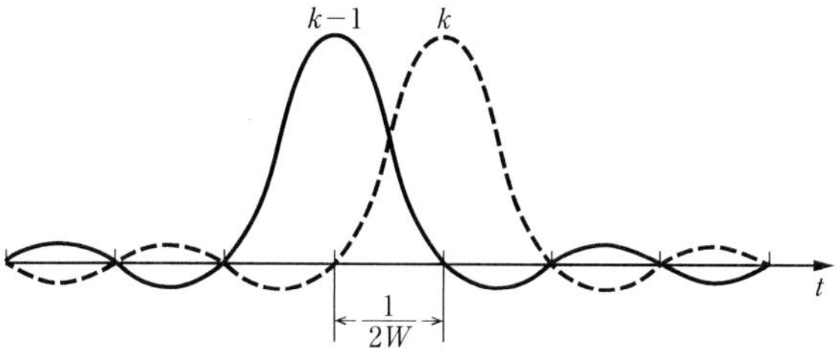


**図 5・26** 隣りあう標本化関数

が，$k \neq l$ である2つの標本化関数

$$S(2\pi Wt - k\pi) \quad と \quad S(2\pi Wt - l\pi)$$

は，一方がピーク値1となる時刻において他方はつねに0となる性質がある.

一方，定義により

$$S(2\pi Wt - k\pi) = \frac{\sin(2\pi Wt - k\pi)}{2\pi Wt - k\pi}$$

であるから，$|t| \to \infty$ とすれば

$$S(2\pi Wt - k\pi) \to 0$$

となる．すなわち，十分長い時間 $T$ を考えれば，形式的には無限の過去から未来へ広がっている標本化関数も**有限の時間**内で支障なく取り扱うことができることになる.

式(5･88)および式(5･83)を比較すると

$$2W \cdot S(2\pi Wt - k\pi) = \frac{1}{2\pi}\int_{-2\pi W}^{2\pi W} e^{-j\frac{k}{2W}\omega} e^{j\omega t} d\omega \qquad \cdots\cdots(5 \cdot 89)$$

の関係が得られる．いま，$t = k/2W$ に立つインパルス（鋭い衝撃波）は，デルタ関数

$$\delta\left(t - \frac{k}{2W}\right)$$

で表現されるが，この周波数スペクトルは式(5·72)を用いて

$$\int_{-\infty}^{\infty}\delta\left(t-\frac{k}{2W}\right)e^{-j\omega t}\,dt=e^{-j\frac{k}{2W}\omega}$$

と与えられる．これに注意して式(5·89)の右辺をよく観察すると，周波数帯域［$-2\pi W, 2\pi W$］に帯域制限されたインパルス

$$\hat{\delta}\left(t-\frac{k}{2W}\right)$$

に関するフーリエ逆変換にほかならないことがわかる．そこでつぎの式を得る．

$$S(2\pi Wt-k\pi)=\frac{1}{2W}\hat{\delta}\left(t-\frac{k}{2W}\right)$$

これを式(5·83)に代入すると

$$f(t)=\frac{1}{2W}\sum_{k=-\infty}^{\infty}f\left(\frac{k}{2W}\right)\hat{\delta}\left(t-\frac{k}{2W}\right) \qquad \cdots\cdots(5\cdot90)$$

という関係が得られる．

いま，$\hat{\delta}$ を $\delta$ におき換えて

$$h(t)=\sum_{k=-\infty}^{\infty}f\left(\frac{k}{2W}\right)\delta\left(t-\frac{k}{2W}\right) \qquad \cdots\cdots(5\cdot91)$$

という関数 $h(t)$ を定義する．$h(t)$ は $1/2W$ 間隔に立つ各インパルスを，その時刻における連続的信号 $f(t)$ の標本値によって重みづけて得られる関数であり，インパルスを十分細いパルスで近似すると図5·27のように示される．

ここで，$h(t)$ を周波数帯域［$-2\pi W, 2\pi W$］のみの通過を許す**ローパス・フィルタ**を通して帯域制限すると

$$\hat{h}(t)=\sum_{k=-\infty}^{\infty}f\left(\frac{k}{2W}\right)\hat{\delta}\left(t-\frac{k}{2W}\right) \qquad \cdots\cdots(5\cdot92)$$

で表される $\hat{h}(t)$ に変わる．

式(5·92)を式(5·90)に代入するとつぎの結果を得る．

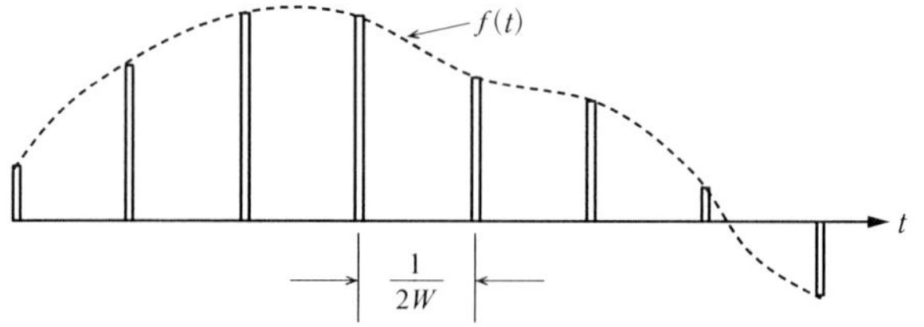


**図 5・27**　インパルスの列 $h(t)$

$$f(t) = \frac{1}{2W}\hat{h}(t) \qquad \cdots\cdots(5 \cdot 93)$$

上式は，図 5·28 に示されるように，標本値によって重みづけられたインパルスの列 $h(t)$ をローパス・フィルタに通すと，もとの連続的信号が完全に復元できることを示している．すなわち，離散的な標本点として選ばれた飛び飛びの時刻における連続的信号の値（標本値）の全体は，途中の値を含めてもとの連続的信号の波形に関する情報を完全に保存していることがわかる．

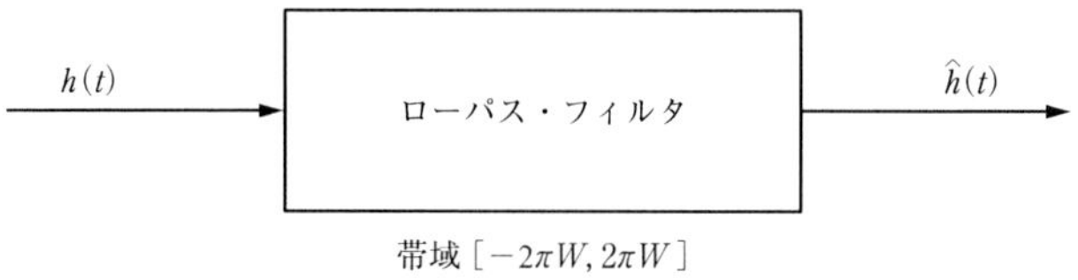


**図 5・28**　ローパス・フィルタによる帯域制限

式(5·93)は**パルス振幅変調**（PAM）とよばれている連続的信号を伝送するための**変調方式**※ の**復調原理**を示すものとも考えることができる．このように，標本化定理は，連続的信号の伝送技術を考えていく具体的な場面でも重要な役割を担っているのである．実際，連続的信号の各標本値を量子化し，さらにそれに対して適当な 2 元符号語を

※　符号化の方式と考えてよい．

割りあて，ナイキスト間隔以下の時間内に伝送する**パルス符号変調**（PCM）は，近代的な伝送技術の中でもとりわけ重要なものである．

**例題 5・7**

ふつうの会話の音声信号から 5 000 Hz より高い周波数成分を除去してもとくに実用上の不便はない．このように帯域制限された音声信号を標本化する場合，少なくともどの程度の標本間隔をとるべきか．

**解** $W = 5\,000$ Hz とおくと定理 3(標本化定理)より，ナイキスト間隔は

$$\frac{1}{2W} = \frac{1}{2 \times 5\,000} = 1 \times 10^{-4} \text{ 秒}$$

となる．したがって，$10^{-4}$ 秒以下の間隔で標本化すればもとの音声の波形を再現できる．

**終り**

### 5·3·3 信号空間

標本化関数を有限の時間内で取り扱ってもとくに支障がないことはさきに述べた．

実用上の連続的信号がつねに無限の過去から未来まで持続するということもなく，また仮にそのような時間的に変化する物理量があったとしても，永久にそれを測定し続けることもできない．したがって，われわれにとって意味があるのは，ある有限の時間 $T$〔秒〕の間だけ値をもつような連続的信号だけであると考えて差しつかえはないであろう．これは，前章までで考えた事柄に関して，長さが無限大の記号系列や符号が実際的な意味をもたないこととまったく同じ事情である．

そこで，周波数帯域 $[-2\pi W, 2\pi W]$ に帯域制限された連続的信号 $x(t)$ が，時間領域においても

$$0 \leqq t \leqq T \qquad \cdots\cdots(5\cdot 94)$$

である時間 $T$〔秒〕の範囲でのみ値をもつものとしよう．すなわち，周波数領域および時間領域の両方で広がりが有限の連続的信号を考えるのである．

標本化定理により，このような $x(t)$ はナイキスト間隔 $1/2W$〔秒〕で標本化できる．いま，$x(t)$ が値をもつ時間区間は上のように $T$ 秒間であるから，標本点は全体で

$$\frac{T}{(1/2W)} = 2\,TW \text{〔個〕}$$

とれることになる．すなわち，$T$ 秒間持続する連続的信号 $x(t)$ は，$2TW$〔個〕の標本値の集合によって完全に記述できることになる．ここで，時刻 $k/2W$ における標本値をつぎのようにおくことにしよう．

$$x_k = x\left(\frac{k}{2W}\right) \quad (1 \leqq k \leqq 2TW)$$

上に述べたことから，時間 $T$ だけ持続する 1 つの連続的信号 $x(t)$ は，$2TW$〔個〕の標本値

$$x_1, x_2, \cdots\cdots, x_{2TW-1},\ \ x_{2TW}$$

の全体に 1 対 1 で対応することになる．そこで，これら $2TW$〔個〕の標本値の集合を 1 つの組とし，つぎのような $2TW$ 次元のベクトル $\boldsymbol{x}$ を定義できる．

$$\boldsymbol{x} = (x_1, x_2, \cdots\cdots, x_{2TW})$$

標本化定理を背景にして連続的信号 $x(t)$ が，ベクトル $\boldsymbol{x}$ におき換えられるということがわかった．2 つの信号の加法性をはじめとした**線形性**をもつ伝送系を仮定すれば，$\boldsymbol{x}$ は持続時間 $T$ の帯域制限された連続的信号全体によってつくられる $2TW$ 次元**ベクトル空間**の 1 点と理解することができる（図 5・29）．すなわち，長さ $n$ の 2 元符号語が $n$ 次元超立方体の 1 つの頂点に対応したことと同様に，$T$ 秒間持続する

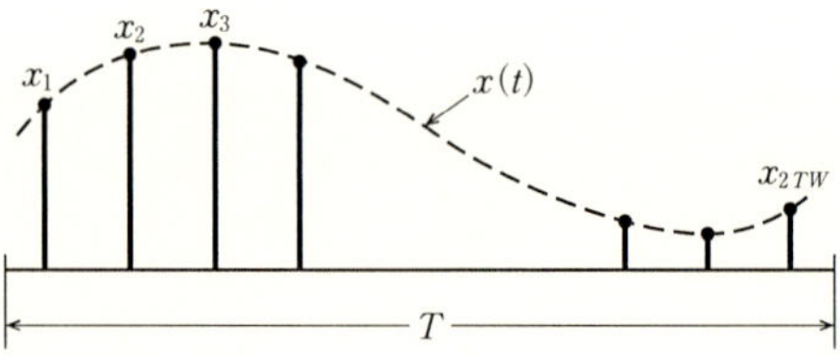


**図 5・29** 持続時間 $T$ の連続的信係 $x(t)$ の $2TW$ 個の標本値

帯域制限された連続的信号 $x(t)$ は，$2TW$ 次元のベクトル空間の 1 点に対応することになる．このような空間は**信号空間**とよばれている．

5·1 節で考えた各種エントロピーは，厳密にいうと，ある時刻 $t$ における連続的信号の値を確率変数とみて定義されたものである．持続時間 $T$ の帯域制限された連続的信号は，上のように $2TW$〔個〕の時刻における標本値を要素とするベクトル $\boldsymbol{x}$ によって表現されるが，$2TW$〔個〕の要素をそれぞれ確率変数とみれば $\boldsymbol{x}$ についても各種エントロピーを定義することができる．

たとえば，$2TW$〔個〕の確率変数 $x_1, x_2, \cdots\cdots, x_{2TW}$ の結合確率密度を

$$p(\boldsymbol{x}) = p(x_1, x_2, \cdots\cdots, x_{2TW})$$

とおけば，$\boldsymbol{x}$ のエントロピーはつぎのように定義することができる．

$$H(\boldsymbol{x}) = -\overbrace{\int\cdots\int}^{2TW} p(x_1, \cdots\cdots, x_{2TW})\log_2 p(x_1, \cdots\cdots, x_{2TW})\,dx_1\cdots dx_{2TW}$$

$$= -\int p(\boldsymbol{x})\log_2 p(\boldsymbol{x})\,d\boldsymbol{x} \qquad \cdots\cdots(5 \cdot 95)$$

$H(x_1), \cdots\cdots, H(x_{2TW})$ をそれぞれ完全事象系のエントロピーに対応づけると，$H(x)$ は，これらの結合事象系のエントロピーに対応することになる．その他のエントロピーについても同様である．

さて，ここで持続時間 $T$ の $\Omega = 2\pi W$ より高い周波数成分を含まない帯域制限された連続的信号が，相加的な雑音のある連続的通信路

を通して伝送される場合の通信容量について考えてみよう.

送信信号 $x(t)$, 受信信号 $y(t)$ および雑音 $n(t)$ を信号空間で考えることにし, それぞれベクトル $\boldsymbol{x}$, $\boldsymbol{y}$ および $\boldsymbol{n}$ で表す. 雑音は相加的であるから

$$\boldsymbol{y} = \boldsymbol{x} + \boldsymbol{n} \qquad \cdots\cdots(5 \cdot 96)$$

とおける.

雑音ベクトル

$$\boldsymbol{n} = (n_1, n_2, \cdots, n_{2TW})$$

の各要素は互いに確率的に独立であり, それぞれ平均値 0, 分散 $N$ の正規分布にしたがうものとする. このような雑音は**白色**※ **ガウス雑音**とよばれている. この場合, 個々の要素のエントロピーはすべて等しく, 式(5·33)より, $k = 1$, ……, $2TW$ に対して

$$H(n_k) = H[N] = \log_2 \sqrt{2\pi eN}$$

となる. したがって. $\boldsymbol{n}$ のエントロピーはこれを $2TW$ 倍したものにほかならないから

$$H(\boldsymbol{n}) = 2TW \log_2 \sqrt{2\pi eN} \qquad \cdots\cdots(5 \cdot 97)$$

を得る.

通信容量 $C$ は, 送信信号 $\boldsymbol{x}$ と受信信号 $\boldsymbol{y}$ の平均相互情報量

$$I(\boldsymbol{x};\boldsymbol{y}) = H(\boldsymbol{y}) - H(\boldsymbol{y}\,|\,\boldsymbol{x}) \qquad \cdots\cdots(5 \cdot 98)$$

の最大値 Max $I(\boldsymbol{x};\boldsymbol{y})$ として定義できる. ここで, 送信信号と雑音が互いに確率的に独立であるとすると, 式(5·44)からのアナロジーによって平均相互情報量はつぎのように与えられる.

$$I(\boldsymbol{x};\boldsymbol{y}) = H(\boldsymbol{y}) - H(\boldsymbol{n})$$

式(5·97)により, $H(\boldsymbol{n})$ が定数として与えられることを考慮すると, 通信容量はつぎのように表される.

---

※ 各時刻における値が確率的に独立であることを**白色である**という.

$$C = \mathrm{Max}\{H(\boldsymbol{y}) - H(\boldsymbol{n})\} = \mathrm{Max}\{H(\boldsymbol{y})\} - H(\boldsymbol{n}) \quad \cdots\cdots(5\cdot 99)$$

簡単のため，送信信号$\boldsymbol{x}$の各要素が互いに確率的に独立であり，かつ，すべて電力一定（等しく分散$S$の分布）であるとすると，任意の$\boldsymbol{y}$の要素$y_k$（$k = 1, \cdots\cdots, 2TW$）の電力も一定値$S + N$となる※．明らかに$\boldsymbol{y}$の各要素も互いに確率的に独立となるから，$H(\boldsymbol{y})$の最大値は，1つの要素のエントロピーの最大値を$2TW$倍して得られることになる．

平均電力が一定値$S + N$である確率変数$y$の最大エントロピーは，式(5·33)より

$$\log_2\sqrt{2\pi e(S + N)}$$

で与えられ，$H(\boldsymbol{y})$の最大値は結局つぎのようになる．

$$\mathrm{Max}\{H(\boldsymbol{y})\} = 2TW\log_2\sqrt{2\pi e(S + N)} \quad \cdots\cdots(5\cdot 100)$$

式(5·97)および式(5·100)を式(5·99)に代入して

公式 $$C = 2TW\log_2\sqrt{1 + \frac{S}{N}} \text{〔ビット〕} \quad \cdots\cdots(5\cdot 101)$$

を得る．

式(5·101)は，時間$T$の間に連続的通信路を通じてどの程度の情報が伝送できるかを示すものであるが，通信容量が$T$，$W$および$S/N$によって決まるという結果は考えてみればごく自然であろう．すなわち時間が長ければ長いほど，周波数帯域が広ければ広いほど，また$S/N$が高ければ高いほど伝送できる情報量は多くなるということを示しているからである．

連続的通信路を1つの物理量に対する測定系とみなすと，単位時間の測定によって得られる平均情報量は，$S/N$を大きくするという改善だけではなく，測定系自身の許容周波数帯域を広げることによって

※ 送信信号と雑音が互いに独立であるから．

も増大することが示唆されるであろう．このように，連続的信号の伝送に際しては，周波数帯域という観点を抜きにして議論することはできないことがわかる．

時間と周波数に関する不確定性原理によれば，時間 $T$〔秒〕の間に，周波数帯域幅 $\Omega = 2\pi W$ の伝送系を通して伝送できる情報量は $\alpha$ を適当な定数として，式(5・76)より

$$\alpha TW \text{〔ビット〕}$$

と与えられた．これは通信容量にほかならないから，式(5・101)と比較して

$$\alpha = 2\log_2\sqrt{1+\frac{S}{N}}$$

を得る．

いま，$S/N \gg 1$ のように $S/N$ が十分高い場合を考えると，上式は

$$\alpha = 2\log_2\sqrt{\frac{S}{N}} \text{〔ビット〕} \qquad \cdots\cdots(5\cdot 102)$$

のように近似できるから，通信容量は

公式

$$C = 2\,TW\log_2\sqrt{\frac{S}{N}} \text{〔ビット〕} \qquad \cdots\cdots(5\cdot 103)$$

と書ける．式(5・103)は，連続的信号による情報伝達のあり方を，ごく大ざっぱに理解するのに非常に便利である．

さきに信号空間は $2TW$ 次元であるとした．すなわち，$2TW$〔個〕の座標軸によって張られる空間というわけである．式(5・103)より，1つの座標軸が担い得る情報量は $\log_2\sqrt{S/N}$ であると考えられる（図5・30）．すなわち，1つの座標軸における値のとり方は連続無限であるという期待に反して，$\sqrt{S/N}$ 種類しかないことになる．つまり，$\sqrt{S/N}$ 種類の等しく可能な値のうちから1つを選択することに必要な情報量を示しているからである．

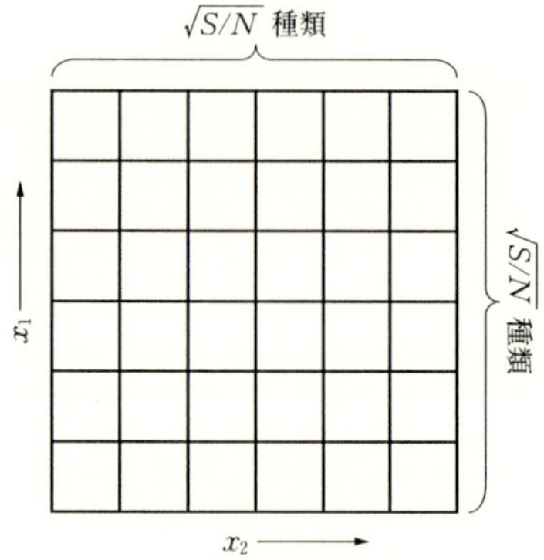


**図 5・30** 2 次元信号空間

そこで，$r = \sqrt{S/N}$ とおくと，式(5·103)に与えられる通信容量 $C$ は，長さ $2TW$ の $r$ 元符号語が担い得る最大エントロピーに等しく，記号系列による情報伝達の考え方と密接に対応することがわかる．

**例題 5・8**

周波数帯域幅が $W$〔Hz〕の連続的通信路の 1 秒あたりの通信容量が

$$2W \log_2 \sqrt{\frac{S}{N}} \quad \text{〔ビット/秒〕}$$

で与えられるものとする．

$W = 10^4$，$S/N = 40$ dB とし，この連続的通信路を適当な変換器を通して雑音のない 2 元通信路に接続する．2 元通信路の送信記号 0 と 1 の所要時間は等しく $\tau$〔秒〕であり，全体を通して情報伝達が遅滞なく行われているとする．$\tau$ の最大値を求めよ．

**解** この連続的通信路から出てくる 1 秒あたりの情報量の最大値は，通信容量にほかならない．dB (デシベル) で与えられている

$S/N$ を電力比に換算※すると $S/N = 10^4$ となり，これと $W = 10^4$ を与式に代入して，1 秒あたりの情報量の最大値は

$$2 \times 10^4 \times \log_2 \sqrt{10^4} = 4 \times 10^4 \times \log_2 10$$
$$= 1.33 \times 10^5 \text{ ビット/秒}$$

となる．

送信信号の所要時間 $\tau$ の最大値は 2 元通信路が通信容量いっぱいに利用された場合の値である．例題 3·5 より，雑音のない 2 元通信路の通信容量は 1 ビット/記号と与えられ，式(3·27)を用いて 1 秒あたりの通信容量に換算して

$$\widehat{C} = \frac{1}{\tau} \text{〔ビット/秒〕}$$

を得る．遅滞なく情報伝達が行われるためには，連続的通信路から出てくる 1 秒あたりの情報量が $\widehat{C}$ 以下でなければならないから

$$\frac{1}{\tau} \geqq 1.33 \times 10^5$$

となる．これより

$$\tau \leqq 7.52 \times 10^{-6} \text{ 秒}$$

となり，$\tau$ の最大値は $7.52 \times 10^{-6}$ 秒である．

終り

※　$\mathrm{dB} = 10 \log_{10} \frac{S}{N}$ (電力)

# 付録　2を底とする対数

| $n$ | $\log_2 n$ | $n$ | $\log_2 n$ | $n$ | $\log_2 n$ | $n$ | $\log_2 n$ |
|---|---|---|---|---|---|---|---|
| 1 | 0.000 000 | 51 | 5.672 425 | 101 | 6.658 211 | 151 | 7.238 404 |
| 2 | 1.000 000 | 52 | 5.700 439 | 102 | 6.672 425 | 152 | 7.247 927 |
| 3 | 1.584 962 | 53 | 5.727 920 | 103 | 6.686 500 | 153 | 7.257 388 |
| 4 | 2.000 000 | 54 | 5.754 787 | 104 | 6.700 439 | 154 | 7.266 786 |
| 5 | 2.321 928 | 55 | 5.781 359 | 105 | 6.714 245 | 155 | 7.276 124 |
| 6 | 2.584 962 | 56 | 5.807 355 | 106 | 6.727 920 | 156 | 7.285 402 |
| 7 | 2.807 355 | 57 | 5.832 890 | 107 | 6.741 467 | 157 | 7.294 620 |
| 8 | 3.000 000 | 58 | 5.857 981 | 108 | 6.754 887 | 158 | 7.303 780 |
| 9 | 3.169 925 | 59 | 5.882 643 | 109 | 6.768 184 | 159 | 7.312 883 |
| 10 | 3.321 928 | 60 | 5.906 890 | 110 | 6.781 359 | 160 | 7.321 928 |
| 11 | 3.459 431 | 61 | 5.930 737 | 111 | 6.794 415 | 161 | 7.330 916 |
| 12 | 3.584 962 | 62 | 5.954 196 | 112 | 6.807 355 | 162 | 7.339 850 |
| 13 | 3.700 440 | 63 | 5.977 280 | 113 | 6.820 179 | 163 | 7.348 728 |
| 14 | 3.807 355 | 64 | 6.000 000 | 114 | 6.832 890 | 164 | 7.357 552 |
| 15 | 3.906 890 | 65 | 6.022 367 | 115 | 6.845 490 | 165 | 7.366 322 |
| 16 | 4.000 000 | 66 | 6.044 394 | 116 | 6.857 981 | 166 | 7.375 039 |
| 17 | 4.087 463 | 67 | 6.066 089 | 117 | 6.870 364 | 167 | 7.383 704 |
| 18 | 4.169 925 | 68 | 6.087 462 | 118 | 6.882 643 | 168 | 7.392 317 |
| 19 | 4.247 927 | 69 | 6.108 524 | 119 | 6.894 817 | 169 | 7.400 879 |
| 20 | 4.321 928 | 70 | 6.129 283 | 120 | 6.906 890 | 170 | 7.409 391 |
| 21 | 4.392 317 | 71 | 6.149 747 | 121 | 6.918 863 | 171 | 7.417 852 |
| 22 | 4.459 431 | 72 | 6.169 925 | 122 | 6.930 737 | 172 | 7.426 264 |
| 23 | 4.523 562 | 73 | 6.189 824 | 123 | 6.942 514 | 173 | 7.434 628 |
| 24 | 4.584 962 | 74 | 6.209 453 | 124 | 6.954 196 | 174 | 7.442 943 |
| 25 | 4.643 856 | 75 | 6.228 818 | 125 | 6.965 784 | 175 | 7.451 211 |
| 26 | 4.700 439 | 76 | 6.247 927 | 126 | 6.977 280 | 176 | 7.459 431 |
| 27 | 4.754 887 | 77 | 6.266 786 | 127 | 6.988 684 | 177 | 7.467 605 |
| 28 | 4.807 355 | 78 | 6.285 402 | 128 | 7.000 000 | 178 | 7.475 733 |
| 29 | 4.857 981 | 79 | 6.303 780 | 129 | 7.011 227 | 179 | 7.483 815 |
| 30 | 4.906 890 | 80 | 6.321 928 | 130 | 7.022 367 | 180 | 7.491 853 |
| 31 | 4.954 196 | 81 | 6.339 850 | 131 | 7.033 423 | 181 | 7.499 846 |
| 32 | 5.000 000 | 82 | 6.357 552 | 132 | 7.044 394 | 182 | 7.507 794 |
| 33 | 5.044 349 | 83 | 6.375 039 | 133 | 7.055 282 | 183 | 7.515 699 |
| 34 | 5.087 463 | 84 | 6.392 317 | 134 | 7.066 089 | 184 | 7.523 562 |
| 35 | 5.129 283 | 85 | 6.409 391 | 135 | 7.076 815 | 185 | 7.531 381 |
| 36 | 5.169 925 | 86 | 6.426 264 | 136 | 7.087 462 | 186 | 7.539 158 |
| 37 | 5.209 453 | 87 | 6.442 943 | 137 | 7.098 032 | 187 | 7.546 894 |
| 38 | 5.247 927 | 88 | 6.459 431 | 138 | 7.108 524 | 188 | 7.554 588 |
| 39 | 5.285 402 | 89 | 6.475 733 | 139 | 7.118 941 | 189 | 7.562 242 |
| 40 | 5.321 928 | 90 | 6.491 853 | 140 | 7.129 283 | 190 | 7.569 855 |
| 41 | 5.357 552 | 91 | 6.507 794 | 141 | 7.139 551 | 191 | 7.577 428 |
| 42 | 5.392 317 | 92 | 6.523 562 | 142 | 7.149 747 | 192 | 7.584 962 |
| 43 | 5.426 264 | 93 | 6.539 158 | 143 | 7.159 871 | 193 | 7.592 457 |
| 44 | 5.459 431 | 94 | 6.554 588 | 144 | 7.169 925 | 194 | 7.599 912 |
| 45 | 5.491 853 | 95 | 6.569 855 | 145 | 7.179 909 | 195 | 7.607 330 |
| 46 | 5.523 562 | 96 | 6.584 962 | 146 | 7.189 824 | 196 | 7.614 709 |
| 47 | 5.554 589 | 97 | 6.599 912 | 147 | 7.199 672 | 197 | 7.622 051 |
| 48 | 5.584 962 | 98 | 6.614 709 | 148 | 7.209 453 | 198 | 7.629 356 |
| 49 | 5.614 710 | 99 | 6.629 356 | 149 | 7.219 168 | 199 | 7.636 624 |
| 50 | 5.643 856 | 100 | 6.643 856 | 150 | 7.228 818 | 200 | 7.643 856 |

# 練　習　問　題

**【問題 1】**　2つのサイコロを同時に振ったとき，出る目の和が6になる確率を求めよ．

☞**ヒント**　確率の加法定理・乗法定理

**【問題 2】**　ある資格を取るには，学科と実技の2種類の試験に合格しなければならない．この資格を取ろうとした人のうち，学科試験に合格した人は全体の45%であり，実際に資格を取得した人は全体の18%である．学科試験の合格者の中から，任意に1人を選び出したとき，その人が資格を取得している確率を求めよ．

☞**ヒント**　条件付き確率

**【問題 3】**　A国，B国，C国で同一製品を生産している．市場占有率は，それぞれ50%，30%，20%である．各国の製品の不良率は，それぞれ1%，0.8%，0.1%であるという．ネット市場で購入した製品が不良品であったとするとき，これがそれぞれA国，B国，C国で生産された確率を求めよ．

☞**ヒント**　ベイズの定理

**【問題 4】**　経営診断で有名な本間雄太郎氏は，会社の倒産予知能力が優れている．ある会社の社長と1時間面談したあと「この会社は倒産する」と一言つぶやいたときの的中率は0.9であるという．一方,「倒産しない」とつぶやいたときの的中率は0.7であるという．本間氏は無口でこれ以外の余計なことは一切いわない．

（1）　これまで本間氏が関与した倒産予知の件数は40件で，このうち「倒産する」と予知した件数は30件,「倒産しない」と予知した件数は10件である．本間氏の予知結果を完全事象系とみたときエントロピーは何ビットか．

（2） 上記40件において実際に倒産した件数と倒産しなかった件数を求め，会社倒産に関する完全事象系についてエントロピーを求めよ．

（3） 上記 (1) および (2) の2つの完全事象系の間の平均相互情報量は，本間氏の倒産予知の精度を示す量である．何ビットになるか．

☞**ヒント** 平均相互情報量

**【問題5】** ある人が52枚1組のトランプから1枚のカードを抜く．その人は抜いたカードについての質問には“Yes”または“No”としか答えない．このカードをいい当てるには最小限何回の質問をする必要があるか．またそのときの質問計画を具体的に示してみよ．

☞**ヒント** エントロピーの最大原理

**【問題6】** 3種類の記号{+，0，−}からなる記号系列があり，調べたところ右のような2記号連接度数表を得た．この記号系列が単純マルコフ情報源から形成されたものとみて，シャノン線図を完成し，エントロピーを計算せよ．

| → | + | 0 | − |
|---|---|---|---|
| + | 30 | 10 | 20 |
| 0 | 20 | 20 | 20 |
| − | 0 | 30 | 30 |

☞**ヒント** マルコフ情報源のエントロピー

**【問題7】** オオカミ少年がいる．オオカミが来ないのに「オオカミが来た！」とうそをつく確率が0.8，オオカミが本当に来ているのに「オオカミは来ない」とうそをつく確率も0.8である．オオカミが本当にやって来る確率を0.5とすると，このオオカミ少年は，オオカミの出現に関して平均どの位の情報量を伝達するか．

☞**ヒント** 2元対称通信路

**【問題8】** ピー，ポーという2つの音色が出せる笛がある．1つの単位音の持続時間を0.5秒と決め，2つの単位音をいろいろ組み合わせながら笛を吹き，離れたところへ情報の伝達を行う．風の具合で音色が違って受けとられ困ることがある．２つの音色がそれぞれ確率 0.1 で入れ替わるとしたとき，１秒あたり受けとられる平均情報量の最大値を求めよ．

☞**ヒント**　通信容量

**【問題 9】**　赤，白，青３色の塗料がある．１本のひもを３つの色で次々とすき間なく塗り分けて何らかの情報を表現しようと思う．いま，赤と白を塗る場合の幅はそれぞれ 1 cm，青の場合は 2 cm とし，隣り合う色について何らの制限を加えないとする．このひもは 1 cm あたり最大何ビットの情報を表現できるか．

☞**ヒント**　雑音のない通信路

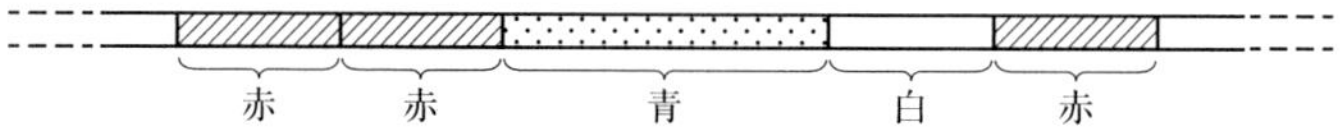


**【問題 10】**　４種類の記号からなる情報源

$$\boldsymbol{A} = \begin{bmatrix} A_1 & A_2 & A_3 & A_4 \\ \dfrac{1}{2} & \dfrac{1}{4} & \dfrac{1}{8} & \dfrac{1}{8} \end{bmatrix}$$

から発生する各記号を３回ずつ反復しながら形成した記号系列の能率は，反復しない場合に比較して何パーセント低下するか．

☞**ヒント**　能率と冗長度

**【問題 11】**　各記号が互いに独立に発生する情報源

$$\boldsymbol{A} = \begin{bmatrix} A_1 & A_2 & A_3 \\ \dfrac{1}{2} & \dfrac{1}{4} & \dfrac{1}{4} \end{bmatrix}$$

がある．この情報源から生成する記号系列を長さ２のブロックに区切り，各ブロックに対してシャノン-ファノの符号化を行え．

☞**ヒント**　ブロックごとの出現確率

**【問題 12】** 長さ 7 の 2 元符号がある．

（1） 全部で何種類あるか．

（2） “1” が 2 個のものだけ選び出すと何種類あるか．また，“1” が 2 個のものだけを用いて情報伝送を行うとき※，全部用いた場合に比較して冗長度はどれだけ増すか．

☞**ヒント** 冗長度を持たせる符号化

**【問題 13】** 入力 $x$ に対して出力 $u$ が

$$u = \log_e x^2$$

で与えられる変換器がある．$x$ が確率密度

$$p(x) = \begin{cases} 1 & (1 \leqq x \leqq 2) \\ 0 & (x < 1,\ 2 < x) \end{cases}$$

である一様分布にしたがう確率変数であるとしよう．

（1） 出力 $u$ の平均値を求めよ．

（2） 変換器によるエントロピー変化はどれ位か．

☞**ヒント** 式(5·21)

**【問題 14】** 日本人の成年男子の身長を確率変数 $x$〔cm〕としたとき，平均値 164，分散 49 の正規分布に従うものとする．いま，測定器を使って身長を目測する場合，測定者の目の位置の不安定さや測定器のガタによる誤差を伴う．誤差が $x$ に独立な平均値 0，分散 1 の正規分布にしたがう相加的な雑音 $n$ によるものとし，測定値を

$$y = x + n$$

とする．

（1） エントロピー $H(x)$ を求めよ．

（2） 測定値 $y$ を通して得られる $x$ に関する平均情報量はどの位か．

☞**ヒント** 通信容量

---

※ 2 out of 7（7 者択 2 符号）と呼ばれている．

**【問題 15】** 図のように，入力電流 $i(t)$ の微分出力

$$L \cdot \frac{di(t)}{dt}$$

（$L$ は定数）を与える回路がある．連続的信号 $i(t)$ の周波数スペクトルが，帯域 $[-\Omega, \Omega]$ に帯域制限されているとき，微分出力の周波数帯域はどうなるか．

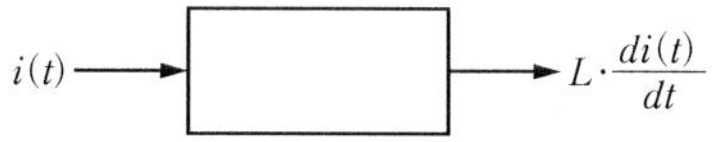


☞**ヒント**　式(5·77)

**【問題 16】** 持続時間が $-T \leqq t \leqq T$ に限られている連続的信号 $f(t)$ の周波数スペクトル $F(\omega)$ も，周波数領域において適当な間隔でとった標本値のみによって再現できる．この間隔を求めよ．

☞**ヒント**　標本化定理

## 練習問題略解

〈**問題 1**〉 2つのサイコロA，Bの目の和が6になる組み合わせは5組ある．1つの組が起こる確率は，$(1/6)^2 = 1/36$ だから，求める確率は5/36である．<u>答　5/36</u>

〈**問題 2**〉 学科試験合格をA，実技試験合格をBとする．題意より $p(A) = 0.45$，$p(A \cap B) = 0.18$ である．学科試験合格者の中の1人が資格取得の確率は $p(B \mid A)$ であるから，つぎのように算出できる．

$$p(B \mid A) = \frac{p(A \cap B)}{p(A)} = \frac{0.18}{0.45} = 0.4 \quad \underline{\text{答}\quad 0.4}$$

〈**問題 3**〉 不良品であることを $D$ とする．買った不良品がA国製である確率は $p(A \mid D)$ であり，ベイズの定理からつぎのように算出できる．

$$\begin{aligned} p(A \mid D) &= \frac{p(A)p(D \mid A)}{p(A)p(D \mid A) + p(B)p(D \mid B) + p(C)p(D \mid C)} \\ &= \frac{0.5 \times 0.01}{0.5 \times 0.01 + 0.3 \times 0.008 + 0.2 \times 0.001} \\ &\fallingdotseq 0.64 \end{aligned}$$

同様に，$p(B \mid D) \fallingdotseq 0.32$，$p(C \mid D) \fallingdotseq 0.03$ となる．

<u>答　A国製：0.66，B国製：0.32，C国製：0.03</u>

〈**問題 4**〉

（1） 本間氏の予知を完全事象系 $\boldsymbol{A}$ とみると，つぎのように表される．

$$\boldsymbol{A} = \begin{bmatrix} A_1 & A_2 \\ 3/4 & 1/4 \end{bmatrix}$$

ただし，$A_1$ は倒産するとの予知，$A_2$ は倒産しないとの予知を示す．

答　エントロピー $H(A) = -(3/4)\log_2(3/4) - (1/4)\log_2(1/4)$
$\fallingdotseq 0.81$ ビット

（2）　実際に倒産することを $B_1$，倒産しないことを $B_2$ とすると，それぞれの件数はつぎのように算定される．$B_1$ の件数 $= 30 \times 0.9 + 10 \times 0.3 = 30$，$B_2$ の件数 $= 10 \times 0.7 + 30 \times 0.1 = 10$

答　倒産は 30 件，非倒産は 10 件

2 つの事象 $B_1$ と $B_2$ からなる完全事象系 $\boldsymbol{B}$ は，あきらかにみかけ上，$\boldsymbol{A}$ と同じ確率構造になるので，エントロピー $H(\boldsymbol{B}) = H(\boldsymbol{A}) \fallingdotseq 0.81$ である．

答　0.81 ビット

（3）　平均相互情報量 $I(\boldsymbol{A};\boldsymbol{B})$ を求めればよい．$I(\boldsymbol{A};\boldsymbol{B}) = H(\boldsymbol{B}) - H(\boldsymbol{B}\,|\,\boldsymbol{A})$ であるから，$H(\boldsymbol{B}\,|\,\boldsymbol{A})$ をまず求める．

的中率から $p(B_1\,|\,A_1) = 0.9$，$p(B_2\,|\,A_1) = 0.1$，$p(B_1\,|\,A_2) = 0.3$，$p(B_2\,|\,A_2) = 0.7$ を得る．つぎに，$p(A_1) = 3/4$ および $p(A_2) = 1/4$ を用いて，4 つの結合確率はつぎのように得られる．

$p(B_1 \cap A_1) = 0.9 \times (3/4) = 0.675$，$p(B_2 \cap A_1) = 0.1 \times (3/4) = 0.075$，$p(B_1 \cap A_2) = 0.3 \times (1/4) = 0.075$，$p(B_2 \cap A_2) = 0.7 \times (1/4) = 0.175$

以上より $H(\boldsymbol{B}\,|\,\boldsymbol{A})$ はつぎのように求められる．

$$\begin{aligned} H(\boldsymbol{B}\,|\,\boldsymbol{A}) = &- p(B_1 \cap A_1)\log_2 p(B_1\,|\,A_1) \\ &- p(B_2 \cap A_1)\log_2 p(B_2\,|\,A_1) \\ &- p(B_1 \cap A_2)\log_2 p(B_1\,|\,A_2) \\ &- p(B_2 \cap A_2)\log_2 p(B_2\,|\,A_2) \\ \fallingdotseq\ & 0.57 \end{aligned}$$

したがって $I(\boldsymbol{A};\boldsymbol{B}) = H(\boldsymbol{B}) - H(\boldsymbol{B}\,|\,\boldsymbol{A}) \fallingdotseq 0.81 - 0.57 = 0.24$

答　0.24 ビット

**〈問題 5〉**　52 枚のカードがそれぞれ等しい可能性をもっている．エントロピーの最大原理により，1 枚を特定するのに必要な情報量は，$\log_2 52 = 5.7$ ビットである．質問回数は 2 者択一の回数と考えられるから，情報量以上のもっとも小さい整数が，最小限の質問回数である．6 回である．

答　6 回

（質問計画はさまざま考えられ，そのひとつを図解すればよい．ここでは省略する．）

**〈問題 6〉**　記号 + が出現し終わった状態を S(+) とする．同様に，2 つの状態 S(−) と S(0) を定義する．3 つの状態の相互間の遷移確率は，与えられている 2 記号連接度数表から算定できるので，シャノン線図は下図のようになる．同時に，遷移確率行列 $\boldsymbol{P}$ はつぎのようになる．

$$\boldsymbol{P} = \begin{bmatrix} 1/2 & 1/6 & 1/3 \\ 1/3 & 1/3 & 1/3 \\ 0 & 1/2 & 1/2 \end{bmatrix}$$

ただし，$\boldsymbol{P}$ の行と列は与えられている 2 記号連接度数表に対応させている．

3 つの状態 S(+)，S(0)，S(−) に対応する局所的エントロピー $H(+)$，$H(0)$，$H(-)$ はそれぞれつぎのように算定される．

$$H(+) = -(1/2)\log_2(1/2) - (1/6)\log_2(1/6) - (1/3)\log_2(1/3) \fallingdotseq 1.46$$

$$H(0) = -(1/3)\log_2(1/3) \times 3 \fallingdotseq 1.58$$

$$H(-) = -(1/2)\log_2(1/2) \times 2 = 1$$

3 つの状態 S(+)，S(0)，S(−) の定常状態確率 $\boldsymbol{u} = (u_1, u_2, u_3)$ は，

つぎの連立方程式の解として求められる．

$$\begin{cases}(u_1, u_2, u_3)\boldsymbol{P} = (u_1, u_2, u_3)\\ u_1 + u_2 + u_3 = 1\end{cases}$$

解：　$u_1 = 6/25$，$u_2 = 9/25$，$u_3 = 2/5$

マルコフ情報源のエントロピー $H$ はつぎのように算定される．

$$H = u_1 H(+) + u_2 H(0) + u_3 H(-)$$
$$= (6/25) \times 1.46 + (9/25) \times 1.58 + (2/5) \times 1 \fallingdotseq 1.32$$

答　1.32 ビット

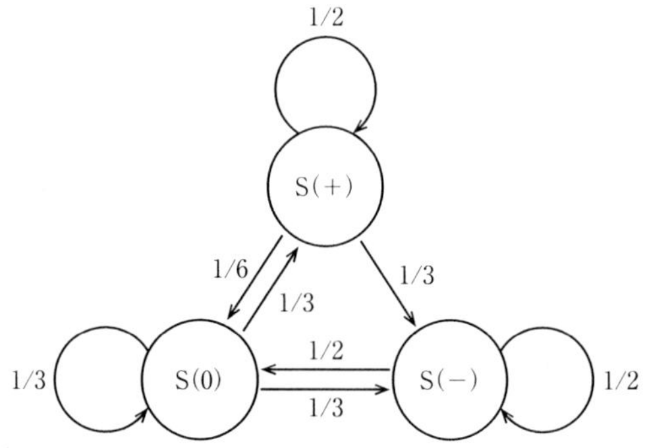


シャノン線図

〈**問題 7**〉　オオカミ少年を 2 元対称通信路とみなす．オオカミが本当に来た事象を $A_1$，来ない事象を $A_2$ とする．一方，オオカミ少年が「オオカミが来た！」という事象を $B_1$，「来ない！」という事象を $B_2$ とする．2 元対称通信路および 2 つの完全事象系 $\boldsymbol{A}$，$\boldsymbol{B}$ はつぎのようになる．

$$\boldsymbol{A} = \begin{bmatrix} A_1 & A_2 \\ 0.5 & 0.5 \end{bmatrix} \qquad \boldsymbol{B} = \begin{bmatrix} B_1 & B_2 \\ 0.5 & 0.5 \end{bmatrix}$$

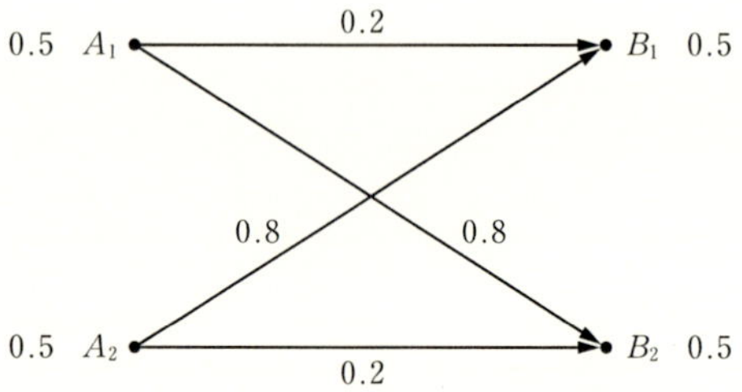


オオカミ少年が平均として伝達する情報量とは，平均相互情報量 $I(\boldsymbol{A};\boldsymbol{B}) = H(\boldsymbol{A}) - H(\boldsymbol{A}\,|\,\boldsymbol{B})$ であるから，まず $H(\boldsymbol{A})$ と $H(\boldsymbol{A}\,|\,\boldsymbol{B})$ を求める．

$$H(\boldsymbol{A}) = -0.5\log_2 0.5 \times 2 = 1$$

$$\begin{aligned} H(\boldsymbol{A}\,|\,\boldsymbol{B}) &= -p(A_1 \cap B_1)\log_2 p(A_1\,|\,B_1) \\ &\quad - p(A_2 \cap B_1)\log_2 p(A_2\,|\,B_1) \\ &\quad - p(A_1 \cap B_2)\log_2 p(A_1\,|\,B_2) \\ &\quad - p(A_2 \cap B_2)\log_2 p(A_2\,|\,B_2) \\ &\fallingdotseq 0.72 \end{aligned}$$

（たとえば，$p(A_1 \cap B_1) = 0.2 \times 0.5 = 0.1$，$p(A_1\,|\,B_1) = 0.2$）

$\therefore\ \ I(\boldsymbol{A};\boldsymbol{B}) \fallingdotseq 1 - 0.72 \fallingdotseq 0.28$

答　0.28 ビット

**〈問題 8〉**　音色“ピー”を $A_1$，“ポー”を $A_2$ とし，誤りの確率 $\alpha$ の 2 元対称通信路を考える（次ページ図）．本問のように通信路の送信側で $A_1$ と $A_2$ が等確率で発生するとき，次式のように通信容量 C が最大値となる．

$$\begin{aligned} \mathrm{C} &= \mathrm{Max}\, I(\boldsymbol{A};\boldsymbol{B}) = 1 + \alpha\log_2\alpha + (1-\alpha)\log_2(1-\alpha) \\ &= 1 + 0.1\log_2 0.1 + 0.9\log_2 0.9 \\ &\fallingdotseq 0.53\ \text{ビット/記号} \end{aligned}$$

（1 記号が 0.5 秒だから）

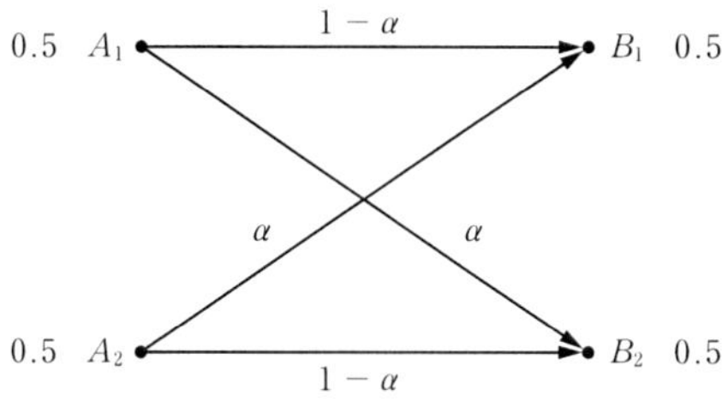


$= 0.53/0.5 = 1.06$ ビット/秒　　答　1.06 ビット/秒

**〈問題 9〉**　長さの異なる 3 記号（赤 1 cm，白 1 cm，青 2 cm）の列が何らかの情報を表現すると考え，つぎの特性方程式を考える．

$$1 - X^{-1} - X^{-1} - X^{-2} = 0$$

上式を変形すると次式の 2 次方程式になる．

$$X^2 - 2X - 1 = 0$$

最大正根は，$X_0 = 1 + \sqrt{2} \fallingdotseq 2.41$ となるから，1 cm あたりの最大情報量 $\widehat{C}$ は $X_0$ を用いてつぎのように求められる．

$$\widehat{C} = \log_2 X_0 \fallingdotseq \log_2 2.41 \fallingdotseq 1.27$$

答　1.27 ビット/cm

**〈問題 10〉**　4 種類の記号系列の能率は，$e = H/(L \log_2 4) = H/2L$ で表される．ただし，$H$ は記号系列のエントロピー，$L$ は平均符号語長である．同じ記号系列を 3 回反復した場合，エントロピー $H$ に変化は起こらないが，平均符号語長は 3 倍になる．したがって能率は 1/3 になり，67%低下する．

答　67%低下する

**〈問題 11〉**　与えられた 3 記号完全事象系タイプの情報源から生成する記号系列を，長さ 2 のブロックに区切った場合，ブロックの種類は 2 記号連接の総数 $3^2 = 9$ である．9 種類のブロックを $B_1$～$B_9$ としてそれぞれの出現確率を求めると次ページの表のようになる．

| ブロック | $B_1$ | $B_2$ | $B_3$ | $B_4$ | $B_5$ | $B_6$ | $B_7$ | $B_8$ | $B_9$ |
|---|---|---|---|---|---|---|---|---|---|
| 連接 | $A_1A_1$ | $A_1A_2$ | $A_1A_3$ | $A_2A_1$ | $A_2A_2$ | $A_2A_3$ | $A_3A_1$ | $A_3A_2$ | $A_3A_3$ |
| 確率 | $\frac{1}{2}\times\frac{1}{2}=\frac{1}{4}$ | $\frac{1}{2}\times\frac{1}{4}=\frac{1}{8}$ | $\frac{1}{2}\times\frac{1}{4}=\frac{1}{8}$ | $\frac{1}{4}\times\frac{1}{2}=\frac{1}{8}$ | $\frac{1}{4}\times\frac{1}{4}=\frac{1}{16}$ | $\frac{1}{4}\times\frac{1}{4}=\frac{1}{16}$ | $\frac{1}{4}\times\frac{1}{2}=\frac{1}{8}$ | $\frac{1}{4}\times\frac{1}{4}=\frac{1}{16}$ | $\frac{1}{4}\times\frac{1}{4}=\frac{1}{16}$ |
| 符号語 | 00 | 010 | 011 | 100 | 1100 | 1101 | 101 | 1110 | 1111 |

最下段にある符号語は，シャノン-ファノの符号化によって得られた結果であるが，符号化に用いた符号の木をつぎに示す．トップにある完全事象系は，ブロック $B_1 \sim B_9$ を確率の大きい順に並びかえている（上表とは一部順序が変わっている）．

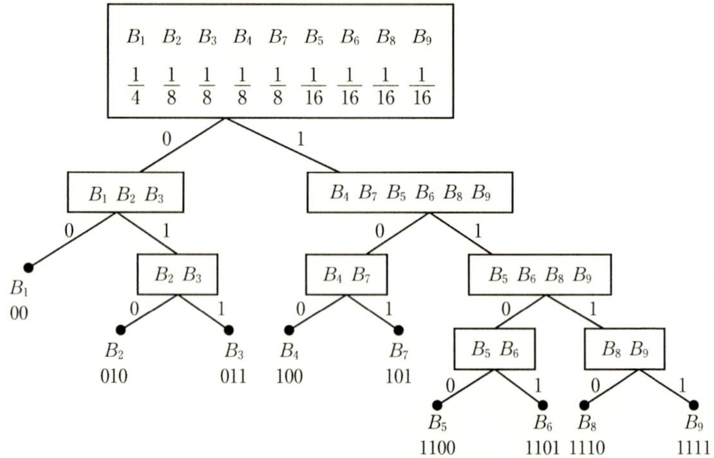


**〈問題 12〉**

（1） 0 あるいは 1 を 7 つ並べる順列の総数だから $2^7 = 128$

答　128 種類

（2） 7 つの場所から 2 つを選ぶ組み合わせの数を求めればよい．

$${}_7C_2 = \frac{7!}{2!\,5!} = 21\text{種類}$$

$$\text{能率 e} = \frac{\log_2 21}{\log_2 128} \fallingdotseq 0.63 \qquad \therefore \text{冗長度} \fallingdotseq 1 - 0.63 = 0.37$$

答　0.37

〈**問題 13**〉

$u = \log x^2 = 2\log x$　　(a)（自然対数に注意）

$p(u)du = p(x)dx$　　(b)

$\dfrac{du}{dx} = \dfrac{2}{x}$　　(c)

（1）　上記の(a)と(b)より

$$\text{平均値 } \mu = \int up(u)du = \int (2\log x)p(x)dx = \int_1^2 2\log x\,dx$$

$$= [2x\log x]_1^2 - 2\int_1^2 dx$$

$$= 4\log 2 - 2 \fallingdotseq 0.77 \quad \text{（自然対数に注意）}$$

答　$\mu = 0.77$

（2）　エントロピー変化

$$H(u) - H(x) = -\int p(x)\log_2\left(\frac{dx}{du}\right)dx$$

$$= -\int p(x)\log_2\left(\frac{x}{2}\right)dx$$

$$= -\int (\log_2 x - \log_2 2)p(x)dx$$

$$= -(1/\log 2)\int (\log x)p(x)dx + \int p(x)dx$$

（自然対数に注意）

$$\fallingdotseq -0.56 + 1 = 0.44$$

答　0.44 ビットの増加

〈**問題 14**〉 身長の測定を相加的雑音のある連続的通信路のモデルで考える．

（1） 変数 $x$ が平均値 164，分散 49 の正規分布にしたがうということは，いわゆる電力一定の条件下での最大エントロピーを与える場合に該当する．このとき，エントロピー $H(x)$ はつぎのように与えられる．

$$H(x) = \log_2\sqrt{2\pi e 49} \quad (\text{ただし，} e \text{ は自然対数の底})$$
$$\fallingdotseq 4.85$$

答　4.85 ビット

（2） 相加的雑音のある通信路での平均相互情報量は，$I(x\,;y) = H(y) - H(n)$ として与えられる．相加的雑音 $n$ は $x$ と独立な分散 1 の正規分布だから，右辺のそれぞれのエントロピーはつぎのようになる．

$$H(y) = \log_2\sqrt{2\pi e(49+1)}$$
$$= \log_2\sqrt{2\pi e(50)} \qquad \text{(a)}$$
$$H(n) = \log_2\sqrt{2\pi e(1)} \qquad \text{(b)}$$

(a)(b)より

$$I(x;y) = H(y) - H(n) = \log_2\sqrt{2\pi e(50)} - \log_2\sqrt{2\pi e}$$
$$= \log_2\sqrt{50} \fallingdotseq 2.83$$

答　2.83 ビット

〈**問題 15**〉 連続的信号 $i(t)$ の周波数スペクトルを $I(\omega)$ とすると，フーリエ逆変換はつぎのように表される．

$$i(t) = \frac{1}{2\pi}\int I(\omega)e^{j\omega t}d\omega$$

両辺を微分する．

$$\frac{di(t)}{dt} = \frac{1}{2\pi}\int j\omega I(\omega)e^{j\omega t}d\omega \qquad \text{(a)}$$

(a)において，$I(\omega)$ は題意より帯域 $[-\Omega, \Omega]$ の外では 0 であるから，左辺（微分出力/$L$）も 0 となる．したがって微分出力も同じく帯域 $[-\Omega, \Omega]$ に帯域制限されている．

〈**問題 16**〉 持続時間が $-T \leqq t \leqq T$ に限られている連続的信号 $f(t)$ の周波数スペクトルを $F(\omega)$ とする．数式では次式のとおり表現される．

$$F(\omega) = \int_{-T}^{T} f(t)\mathrm{e}^{-j\omega t}dt \qquad \text{(a)}$$

一方，$f(t)$ を周期 2T の周期関数とみてフーリエ級数に展開すると次式になる．

$$f(t) = \sum c_n \mathrm{e}^{-jn\frac{\pi}{T}t} \quad \left(c_n = \frac{1}{2T}F\left(\frac{n\pi}{T}\right)\right) \qquad \text{(b)}$$

(a)に(b)を代入して次式を得る．

$$\begin{aligned}
F(\omega) &= \int_{-T}^{T}\left\{\sum c_n \mathrm{e}^{-jn\frac{\pi}{T}t}\right\}\mathrm{e}^{-j\omega t}dt \\
&= \frac{1}{2T}\int_{-T}^{T}\left\{\sum F\left(\frac{n\pi}{T}\right)\mathrm{e}^{-jn\frac{\pi}{T}t}\right\}\mathrm{e}^{-j\omega t}dt \\
&= \frac{1}{2T}\sum F\left(\frac{n\pi}{T}\right)\int_{-T}^{T}\mathrm{e}^{-j\left(\omega+n\frac{\pi}{T}\right)t}dt \\
&= \sum F\left(\frac{n\pi}{T}\right)\frac{1}{\left(\omega+\frac{n\pi}{T}\right)T}\;\frac{e^{j\left(\omega+\frac{n\pi}{T}\right)T} - e^{-j\left(\omega+\frac{n\pi}{T}\right)T}}{2j} \\
&= \sum F\left(\frac{n\pi}{T}\right)\left\{\frac{1}{\left(\omega+\frac{n\pi}{T}\right)T}\sin\left(\omega+\frac{n\pi}{T}\right)T\right\}
\end{aligned}$$

（{ } 内は標本化関数）

上式より，標本間隔は $\pi/T$ となる（$n$ は整数）．

# 参 考 文 献


1) 小沢一雅：『情報理論の基礎』，国民科学社，1980.
　同上　：『情報理論の基礎』（再刊），オーム社，2011.
2) C. E. Shannon, W. Weaver：The Mathematical Theory of Communication, University of Illinois Press, 1949.
3) 加藤一朗：『象形文字入門』，中央公論社，1962.
4) A. N. コルモゴロフ（坂本實訳）：『確率論の基礎概念』（ちくま学芸文庫），筑摩書房，2010.
5) 小倉久直：『確率過程入門』，森北出版，1998.
6) 桑垣煥：『函数方程式概論』，朝倉書店，2004.
7) 渡辺茂：『認識と情報』（NHK 情報科学講座 6），日本放送協会出版，1968.
8) 久保亮五：『新装版 統計力学』（共立全書 11），共立出版，2003.
9) 『数理科学 12』（特集「暗号」），サイエンス社，1975.
10) 田中幸吉：『情報工学』，朝倉書店，1969.
11) D. A. Bell, Information Theory and Its Engineering Applications, Sir Isaac Pitman & Sons, Ltd, London, 1954.
12) 溝畑茂，高橋敏雄，坂田定久：『微分積分学』，学術図書出版社，1993.

# 索　引

## ア行



## カ行



## サ行

## タ行

## ナ行



## ハ行

## マ行



## ヤ行



## ラ行



## ワ行

〈著者略歴〉

小 沢 一 雅（おざわ　かずまさ）

1942 年　大阪市生まれ
1961 年　大阪府立高津高校卒業
1966 年　大阪大学基礎工学部電気工学科卒業
1972 年　同上大学院修了（工学博士）
1972 年～2013 年　大阪電気通信大学勤務
2013 年　同上大学名誉教授

〈主な著書・訳書〉
『パターン情報数学』，森北出版，1999.
『前方後円墳の数理』，雄山閣出版，1988.
『考古学における層位学入門』（訳書），雄山閣出版，1995.
『卑弥呼は前方後円墳に葬られたか』，雄山閣出版，2009.

本書の初版は，1980 年に国民科学社から発行され，2011 年にオーム社から再刊されています．



情報理論の基礎（第 2 版）

2011 年 3 月 1 日　第 1 版第 1 刷発行
2019 年 7 月 20 日　第 2 版第 1 刷発行
2025 年 4 月 20 日　第 2 版第 2 刷発行

著　者　小 沢 一 雅
発行者　髙 田 光 明
発行所　株式会社 オーム社
郵便番号　101-8460
東京都千代田区神田錦町 3-1
電 話 03(3233)0641(代表)
URL https://www.ohmsha.co.jp/



印刷・製本　デジタルパブリッシングサービス
ISBN978-4-274-22420-1　Printed in Japan

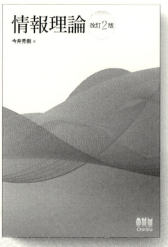

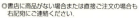